JN222539

数学の歴史

（新訂）数学の歴史（'25）

装丁デザイン：牧野剛士
本文デザイン：畑中　猛

m-11

まえがき

本書では数学の歴史を考える。たしかに数学的な営為はあらゆる文化圏であらゆる時代に見られた。しかし本書では，科学の誕生から近代科学成立までの時代に，科学とともに数学がどのような展開をたどってきたのかに焦点を当てたい。具体的には，科学を生み出した古代ギリシャ（紀元前6世紀）の頃から，近代科学の出発点であるニュートンの頃（具体的には『プリンキピア』出版の1687年頃）までの数学を対象とする。そのため本書で扱う「数学」とは，現在日本で一般的に想定される方程式を立てて問題を解くような数学ではないことに注意いただきたい。むしろ，そのような数学が完成する以前を中心に数学の歴史を述べることになる。

また，以上の視点で数学を語るため，本書では，あくまで近代科学成立につながる科学とともに存在した数学が主題になる。本書の各章にわたって詳述するように，古代ギリシャで生まれたいわゆる「ギリシャ科学」が，ギリシャ語圏はいうまでもなく，イスラーム文化圏やヨーロッパなどで受容され，さまざまな新たな視座が融合し，その内容が変容することで，近代科学は成立した。それゆえ本書は，ギリシャ科学の発生とイスラーム文化圏やヨーロッパでのその受容や変容とともに数学の歴史を考えることになる。逆に，ギリシャ科学を受容しなかった文化圏—例えば中国や日本—での数学を扱うことはない。

加えて指摘すべきは，本書の扱う時代や地域において科学は専門化しておらず，科学研究のみを行って生活する「科学者」は存在しなかったことである。当然，科学とともにあった数学に関しても同様で，現代社会で想定される数学的問題の解決のみに取り組む数学者は見当たらなかった。そこで職業的数学者の存在しなかった時代や地域を扱う本書では，第２章で詳述するエウクレイデス『原論』に収録されているような数学命題と論証の提示を目指す「数学」を用いて数学的な問題や自然現象の仕組みなどに取り組む者たち（＝本書での数学者たち）が主役となる。

実際，本書の各章での記述を通じて，数学者たちは，数学の問題のみに取り組んでいたわけではなかったことに気づくだろう。むしろ彼らは数学という学問を武器に，自然現象の仕組みや世界の構造の解明を目指していた。彼ら数学者たちの活動をひもとくことで，専門的な学問としての数学が成立する以前の数学とはなにかを明らかにできるのではないか。さらにはこの数学者たちの活動こそが数学の歴史を育み，ひいては彼ら数学者たちが近代科学を生み出したのではないか。本書では，数学の歴史を科学の展開とともに考えることで，近代科学成立にいたる科学の歴史自身も考えたい。

なお本書ではさまざまな文化圏での数学や科学をめぐる言説の実際を示すために多くの一次文献からの引用を行った。本書における引用の日本語訳は，先人たちの近代語訳をさまざま参照しながら私が原文から翻訳したことを付記しておく。（参照した翻訳群は各章末の参考文献に列挙した。）

2025 年 3 月

三 村 太 郎

目次

1 古代ギリシャにおける科学の誕生と数学への関心の高まり

《目標&ポイント》 科学知とともに展開した数学の歴史をたどるために，まず，なぜ最初の科学的思考である自然学＝元素論が紀元前6世紀頃の古代ギリシャの都市ミレトスで生まれたのかを考える。その際，論理整合性を追求して科学的思考を生み出した古代ギリシャの学者たちの間で論証としての数学が注目を集めたことをたどることで，古代ギリシャが科学のあけぼのの地であると同時に数学のあけぼのの地だったことを論じる。
《キーワード》 ミレトス，四元素論，ヒッポクラテス，四体液説，アリストテレス，弁証としての自然学，論証としての数学

---

1 科学知としての数学

古くから人類は，さまざまなものを数え計算する一方で，土地などの大きさを計測してきた。そういった計算法や計測法を数学とみなすならば，数学はあらゆる文化圏で最初から存在したといえるだろう。この数学観は否定すべきではなく当然のものである。しかし今回は，科学知とともに展開してきた数学を考えたい。

現代人にとって数学は，物理学や化学などとならんで探求されている科学分野の一つだと考えられている。それゆえ，数学の歴史を考える際に，数学が科学知とともにどのように展開してきたのかを探求することで，現代の数学がどのようにして育まれてきたのかを明らかにできるのではないか。そこで本書では，近代科学成立に至るまでの科学の歴史をたどりつつ，数学の歴史を述べることを目指す。

では科学の源流はどこにあるのだろうか。その源流を見極めるには，まず科学とは何かを考える必要がある。この問いに答えること自体大きな課題だが，とりあえず科学的思考の持つ大きな特徴として，自然現象の成立過程を考察する際に，自然に存在する諸事物のみを考えてそのメカニズムを論理的に説明しようとする態度に注目する。

現代の視点からすれば，この科学的態度は至極当然のものに思えるかもしれない。しかし，このような態度は必然的なものではなかった。実際，各文化圏では，古来，神などの超自然的な存在を介入させて自然現象の発生原因を語ることの方が多かった。例えば，ユダヤ教徒の持つ世界観の基盤を支える旧約聖書『創世記』は，以下のように始まる。

> はじめに神は天と地とを創造した。地は空漠として，闇が混沌の海の面（おもて）にあり，神の霊がその水の面に働きかけていた。神は言った，「光あれ」。すると光があった。神は光を見て，よしとした。神は光と闇の間を分けた。神は光を昼と呼び，闇を夜と呼んだ。夕となり，朝となった。〔第〕一日である。
>
> 神は言った，「水の中に蒼穹があって，水と水の間を分けるものとなるように」。神は蒼穹を造り，蒼穹の下の水と蒼穹の上の水との間を分けた。するとそうなった。神は蒼穹を天と呼んだ。夕となり，朝となった。第二日である。

この冒頭部が示す通り，ユダヤ教では，世界創造の過程を述べる際に，神がいかにして世界を切り開いていったのかが詳細に語られていることに気づく。『創世記』に記録されているように，主要な文化圏は，超自然的な存在を利用した世界創造神話を各々保持し，自然現象の発生原因を語る仕方が一般的だった。それゆえ，このような神話的な自然創造説が全世界で普及する中，超自然的な存在の介入なしに自然現象を語り始めたこと自体が科学の歴史の始まりだったと考えられるだろう。
　では，超自然的存在を切り離して自然現象を語り始めたのはどこだったのか。それは次に述べるように紀元前６世紀頃の古代ギリシャの都市ミレトスだった。だからこそ科学史は古代ギリシャから語り始めるべきだといえる。もちろん，科学知とともに展開した数学の歴史を語ることを目指す本書でも，古代ギリシャから語り始めることになる。

2　科学のあけぼのとしての古代ギリシャ

　古代ギリシャの都市ミレトス（図１－１を参照）は，新興都市ゆえに，周辺の諸地域から多くの人々がやってきた。その結果，多種多様なバックグラウンドを持つ人々が，それぞれの生活習慣を確立するべく，さまざまな慣習や宗教的思考を持った小集団を各々で形成した。そのためミレトスでは数多くの新興宗教団体のような集団が乱立することになり，ユダヤ人にとってのユダヤ教のような絶対的な宗教が登場することはなかった。
　そもそも，超自然的な存在が各文化圏において宗教などによって裏付けられ，その文化圏に住む人々に共有されていたからこそ，『創世記』で展開されたような，神などの超自然的な存在による世界創造論が各文化圏で受け入れられていたことに注意すべきだろう。さまざまな世界観が共存していたミレトスでは，多くの人々が共有できる超自然的な存在は登場しなかったため，超自然的な存在を前提とする世界創造論は定着しなかった。その結果，ミレトスでは，自然現象の発生する仕組みを超自然的な存在ぬきに論理整合的に説明しようとする営為が生まれた。すなわち科学的思考の誕生である。
　具体的には，紀元前６世紀頃のミレトスを中心に，タレスをはじめと

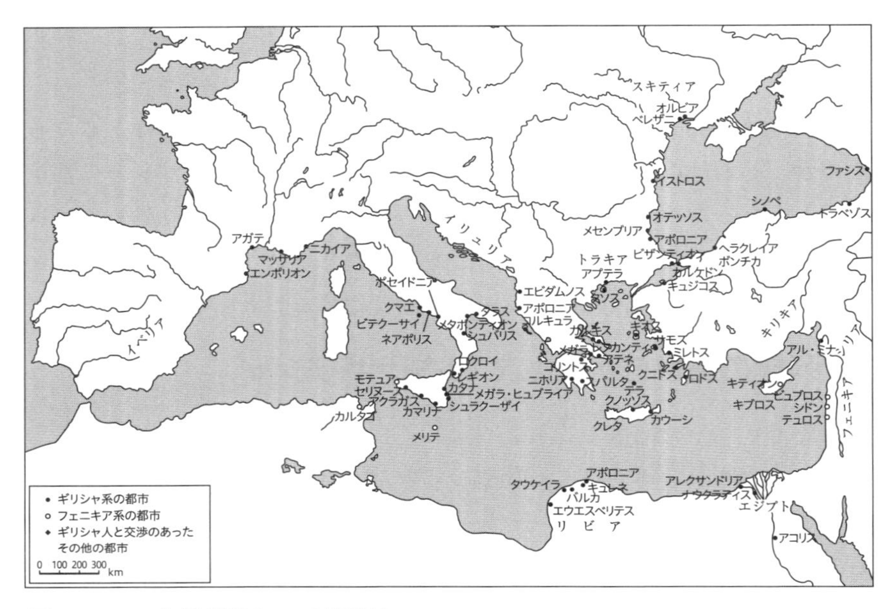

図１－１　古代ギリシャの諸都市

したさまざまな学者たちが万物の根源となる自然的存在である「原理＝元素」とは何かを議論したことが科学の始まりだった。当時の元素に関する議論を担った学者たちの著作は全く残っていないが，その議論内容をアリストテレス（前 384～前 322）『形而上学』第１巻第３章は以下のように伝える。

> ところで，あの最初に哲学した人々〔前６世紀頃のミレトスの学者たち〕のうち，その大部分は，質料の意味でのそれのみをすべての事物のもとのもの〔原理＝元素〕であると考えた。すなわち，すべての存在のそのように存在するのは，それからであり，それらすべてはそれから生成し来たり，その終わりにはまたそれにまで消滅し行くとこ

> ろのそれ〔中略〕を，かれらは，すべての存在の構成要素〔元素〕でありもとのもの〔原理〕であると言っている。それゆえに，かれらの考えでは，なにものも〔元素自らは〕生成することもなく消滅することもない。〔中略〕
>
> しかし，こうした原理の数や種類に関しては，必ずしもかれらのすべてが同じことを言っているわけではなくて，タレスは，あの知恵の愛求〔哲学〕の始祖であるが，「水」がそれであると言っている。〔中略〕
>
> しかしアナクシメネスは，そしてまたディオゲネスも，「空気」を水よりも先のものであり，単純物体のうちで最も真にもとのもの〔原理〕であるとしている。だがメタポンティオンのヒッパソスやエペソスのヘラクレイトスは，「火」をそれであるとしており，そしてエンペドクレスは，すでにあげられた三つのほかに，第四の単純物体すなわち「土」を加えて，四つをそうした原理であるとしている。

後述するように，アリストテレスは，その学問を構築するにあたって，まず先人たちの考えをできる限り収集した。その結果，『形而上学』を含めた彼の著作群は紀元前６世紀ごろに活躍した学者たちの議論などを数多く記録することになり，彼らの議論に関して現存する中でほぼ最古の資料となっている。

この『形而上学』からの引用箇所で触れられた学者たちのうち，最後のエンペドクレス以外は，すべて紀元前６世紀頃のミレトス周辺で活躍した学者たちである。アリストテレスによると，紀元前６世紀頃にミレトスの学者たちの間で，万物の基礎となる自然的物体＝元素を探求する学問が流行し，何を元素にすべきかの議論があったという。実際，タレスは水を元素とする一方，アナクシメネスらは空気を元素とし，ヘラクレイトスらは火を元素としたという。

当時，元素という自然的存在に基づいて自然現象の発生過程を論理的に説明しようとする学問は,「自然学」と呼ばれた。元素を何にするのかの違いこそあれ，自然物である元素を措定し元素の挙動のみで元素からなる合成物の生成と消滅などを含めた自然現象を論理整合的に説明しようとする自然学は，超自然的な存在を前提としないため，ミレトスのように，さまざまな人々が多種多様な信念や異なる超自然的な存在への信仰を持っていても，彼らを納得させることができる力を備えていた。このように，超自然的存在と自然的存在を切り分け，自然物のみで自然を語ろうとする態度こそが科学であり，だからこそ自然学を生み出した紀元前６世紀頃のミレトスが科学的思考のあけぼのの地だったといえる。

さらに，先の『形而上学』からの引用箇所の最後でアリストテレスが述べるように，紀元前５世紀頃に活躍したエンペドクレスに至っては，さまざまな元素説を組み合わせ，土という元素を追加することで，地上界の物体は，土・水・空気・火の四元素からなるという四元素論を展開するようになる。いわば元素論の論理整合性を高めようと，主要な説を統合して，より説得力のある元素論の構築を目指したのだった。

その説得性を高める努力は，四元素に熱・冷・乾・湿という四性質を関係づけ，元素論内で自然物の性質に関しても論理整合的な議論ができるようになった点にも見てとれる。具体的には，図１－２にあるように，土は乾・冷の性質を，水は冷・湿の性質を，空気は湿・熱の性質を，火は熱・乾の性質を持っていると考えることで，各元素に二性質ずつ紐づけて，合成物の組成においてどの元素の割合が多いかでその合成物の性質を語ることができるようになった。

加えて，この四元素・四性質を踏まえて，元素はそれぞれ本性上あるべき場所が決まっており，重さに従って土・水・空気・火の順番で下から上へと配置されているとみなされるようになった。そして，もしも各元素があるべき場所から強制的に動かされ，その強制力が解除されるならば，本性上あるべき場所に直線的に戻ると説明されることで，四元素は元素論において直線運動を引き起こす存在となった。

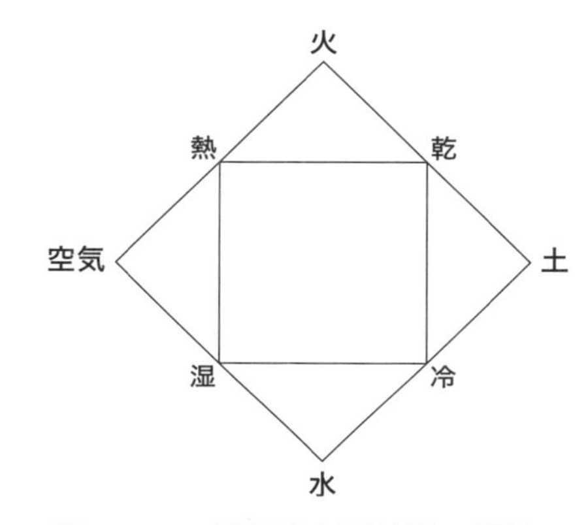

図1－2　四元素と四性質の関係

他方で，天上界の天体は永遠に円運動をしているように見えるため，直線運動をつかさどる四元素ではない元素，すなわち第五元素＝エーテルからできていると考えられるようになった。自然学においてエーテルとは，何らかの点を中心に永遠に円運動する元素とされ，エーテルからなる天体は永遠に円運動しているのだとみなされた。

以上の考察を経て，自然学では，地上界には直線運動のみが存在し，天上界には円運動のみが存在すると考えられるようになり，それ以降，この元素論を受容した文化圏では，元素論と運動論が連関する形で展開するようになった。この元素論に結び付いた運動観の影響力は強固で，驚くべきことに，ニュートン（1642～1727）が登場するまで，運動における天上界と地上界の分離が継続したのだった。

さらに古代ギリシャにおいて四元素説が医学＝体内現象にも適用されることになったのは興味深い。紀元前4世紀頃活躍したとみられるヒッポクラテスは，土的な体液を黒胆汁，水的な体液を粘液，空気的な体液を血液，火的な体液を胆汁とし，それぞれの体液は対応する元素と同じ性質をもつものと想定した（例えば黒胆汁は乾冷など）四体液説をまとめた。そのうえで，体内の体液の平衡状態が保たれているか否かで健康か病気かを判断し，体液を平衡状態に戻すために体液を人為的に動かし（＝治療），健康に戻すことを目指した。それまでの医学においては超自然的な存在を想定する病因論が主流を占めていた中，体液という自然物の挙動のみで体内の状況を説明しようとするヒッポクラテスの医学は，まさに「科学的」だった。やはり古代ギリシャでは医学でも自然学がその科学化を推進したといえる。この四体液説も本書第5章でふれるガレノスによる体系化を経てヨーロッパまで伝播し，ルネサンス期まで医学理論の主流を占めることになった。

このように，ミレトスでの元素をめぐる議論を始原として，自然物である元素を前提とする元素論が整備され拡張する中，四元素とエーテルからなる五つの元素で地上界と天上界に存在するすべての自然物とその運動を中心とした自然現象を論理整合的に説明できる枠組みが出来上がった。加えて，四元素論は四体液説に拡張され，人体内の現象も語ることも可能になった。

古代ギリシャで科学的思考が元素論＝自然学を基盤として展開したことを考えるならば，自然現象の仕組みを説明する際に，超自然的存在を使わずに自然物の元素および体液を用いて論理的に思考を展開することが古代ギリシャにおいていかに重要だったのかが分かる。この元素論による論理整合性の高い自然現象の説明が多くの人に受け入れられた結果，元素を措定する自然学的思考は，当時のミレトスやその流れを汲んだギリシャ語圏において優勢を占め，自然学＝元素論を核とした超自然的存在を前提としない科学的思考が普及した。その説得性の高さは，運動論と同様，元素論および体液論が古代ギリシャの学芸を受け継いだヨーロッパでルネサンス期まで使用され続けたことからも裏付けられるだろう。

ここで注意すべきは，この科学的思考は，さまざまな世界観を持つ議論参加者たちに広く受け入れられることを目指して生み出されたものなので，学者たちは多くの人が納得できる論理整合性の高い議論を展開する必要に迫られていたということである。そのため，当時，議論参加者たちがその議論展開をいかに論理的に組み立てるのかに意識的になったのはうなずける。実際，アリストテレスによって，論理的に語る際に必要な道具としての論理学が整備されたことは注目に値する。

3　アリストテレスによる論理学の体系化と論証科学としての数学の誕生

アリストテレスは，アテネにてギリシャ哲学を代表する学者プラトン（前427～前347）から哲学的思索を学んだことで知られている。他方，彼は，プラトンによっては詳述されなかった論理学的な基盤を体系化し，その論理学的思考を用いてより論理整合性の高い議論を駆使した学問体系を生み出した。

アリストテレスの論理学体系は「オルガノン（道具）」と呼ばれた。その内容は，彼の著作のうち，『カテゴリー論』『命題論』『分析論前書』『分析論後書』『トピカ』『詭弁論駁論』に展開されているとされ，これらの書物を通じて彼の論理学を習得できると考えられた。

アリストテレスは，その論理学書群で，議論が論理整合的か否かを判断するために必要な内容を論じる。具体的には，彼は，議論を前提・推論・結論に分割し，確実な結論を得るための前提の確からしさと推論の確からしさについて論じる。彼は，議論を構成する命題の性格を『カテゴリー論』や『命題論』で説明し，確実な推論として『分析論前書』において三段論法を詳述する一方で，『分析論後書』や『トピカ』（あるいは『トポス論』）でいかなる前提を学問的議論において立てることができるのかについて論じる。以上を踏まえて，『詭弁論駁論』（あるいは『ソフィスト的論駁について』）では，弁論的な技術を駆使して議論を組み立ててくる論敵をいかにして論駁するのかが述べられる。このように，彼は，その論理学書群を通じて議論の論理構造を精査することで論理整合性の高い議論を追求していた。

ここで強調すべきは，さまざまな議論形態の論理学的な構造を追求したアリストテレスが最も厳密な議論形態として認めたのが，前提として公理を措定し正しい推論（＝三段論法）を経て結論を得る「論証」という議論形態だったことである。（以下の論証の流れの図式も参照。）

論証：［前提＝公理］→［推論＝三段論法］→結論

公理とは，アリストテレスによると，「自明にして論証なしに真と受け取られる前提」（『分析論後書』第１巻第２章）のことで，幾何学における公理のようなものを指すのは明白である。すなわち，幾何学的証明に代表される論証こそがアリストテレスの認める最も厳密な議論形態だったことになる。

実際，アリストテレスは，数学的な議論が他の学問分野で生み出される議論に比べてより厳密であることについてさまざまな著作で言及している。例えば，『ニコマコス倫理学』第１巻第３章で彼は以下のように述べている。

> 数学者から単に相手を説得するだけの蓋然的な議論を受け取ることも，弁論家に厳密な論証を要求することも，どちらも同じくらいに誤っているのである。

この一節から，彼が数学者の生み出す論証という議論が蓋然的なものではなく厳密なものであることを確信していたことが分かる。

やはり古代ギリシャでは，アリストテレスの頃には，誰もが疑いえない前提として公理を措定し正しい推論から結論を生み出す数学的な議論（＝論証）こそが，もっとも厳密なものとして認識されていたことがわかる。論理整合性の高い議論を求めた古代ギリシャにおいて，論証が必要とされたのはうなずける。

とはいえ，アリストテレス登場以前の数学に関する学者たちの議論を直接伝える資料がほとんど存在しないことは注意すべきだろう。すでに触れたように，元素論についての紀元前６世紀頃のミレトスの学者たちの言説は彼らの著作として伝えられることはなく，アリストテレスの諸著作におけるさまざまな言及がほぼ最古の資料となっている。その状況は数学でも同様で，アリストテレス以前のギリシャ語圏での数学研究の担い手たちの著作は失われてしまったため，アリストテレス以前の古代ギリシャにおける数学研究の状況を正確に知ることはかなり難しい。

しかしながら，上述のアリストテレスと数学との関係性を踏まえると，アリストテレスの頃には，元素論が科学言説の基盤になる一方で，公理から構築する幾何学的証明に代表されるような論証的な議論形態が厳密な言説として定着し，数学者と呼ばれる学者たちがさまざまな論題に対して論証を組み立てていたことは疑いえない。実際，アリストテレスの師であるプラトンは『国家』第７巻で数学（＝幾何学）教育の必要性について力説しており，プラトン周辺にはエウドクソスなど数学諸学で成果を上げたと伝えられる学者たちが存在したことが知られている。このことから，プラトンとその流れをくむ学者たちが数学を重視し，数学諸学の分野で探求を進めたことは明らかである。彼らの数学的成果の具体的内容については伝える資料が乏しく知るすべもほとんどないが，論理整合性を求めた古代ギリシャの学者たちのうち数学に注目する者たち（＝

数学者たち）が登場し，その習得に心血を注ぐようになったのは明らかだろう。

ただし，このようなプラトンの数学を重視する流れを受け継ぎつつ，アリストテレスは師プラトンの態度を全面的に受け継ぐことはなかったことは注目すべきだろう。彼は，数学的議論＝論証が最も厳密な議論形態であることを認める一方で，すべての議論を論証的に組み立てることはできないと考えていた。彼は，理想的な存在を扱う数学においては公理を立てることができるが，自然現象にかかわる自然学や，その原理にかかわる形而上学においては，人間の能力では誰もが疑いえない公理を立てることは不可能で，自然学や形而上学では，せいぜい多くの人が納得できる前提を確保できるにすぎないと考えていた。このような前提のことを，彼は「エンドクサ（見解）」と呼んだ。

エンドクサとは，アリストテレスによると，「すべてのひとたち，あるいは大多数の人たち，あるいは知者たちのすべてか大多数によって，あるいはもっとも著名で評判の人たちによって〔そうだと〕思われていることども」（『トピカ』第１巻第１章）のことで，エンドクサを前提として出発する議論を彼は「弁証」と呼んだ。（以下の弁証の流れの図式も参照。）

弁証：［前提＝エンドクサ］→［推論＝三段論法］→結論

以上の議論構造分析を経て，彼は，自然学や形而上学に関しては，論証的な議論を立てることは難しいという判断のもと，弁証的な議論を目指すことになった。それゆえ，自然学や形而上学に関係する話題に対しては，数学的論証を組み立てることで論じることはなく，そのかわり弁証的な議論を遂行するために，まずはエンドクサの収集を行うことになった。その結果，彼の自然学や形而上学に関する書物においては，数多くの先人たちの見解が列挙され，その中からより確からしいものをエンドクサとして選び出し，弁証的議論の前提として用いたのだった。だからこそ，彼の著作群は，先人たちの教説の資料集となり，アリストテレスに先行する古代ギリシャの学者たちの見解を伝える現存する中でほぼ最古の証言となったといえる。

アリストテレスは，この弁証的議論を駆使し，自然学や形而上学に関して，地上界も天上界も含めた全世界の自然現象に関わるあらゆる論題に取り組み，いわば科学的言説の体系化を果たした。その結果，弁証を用いる自然学および形而上学という学問体系は，古代ギリシャの学芸を受容した各文化圏に大きな影響を及ぼすことになる。

とはいえ，アリストテレスが自然に関する学問体系を弁証によって体系化する一方，論理学を追求する中で，彼が最も厳密な議論形態として幾何学的証明をモデルにしているのは興味深い。やはり彼自身の数学に関する議論は，同時代の数学への関心を大きく反映しているのは明白である。

ミレトスにおいて紀元前6世紀ごろに科学が誕生し，科学的思考が古代ギリシャではぐくまれる中で，論理整合性への関心が高まり，公理を前提とし正しい推論を駆使して結論を導出する数学が生まれ，少なくともアリストテレスの頃までには，最も厳密な議論形態として認識されるようになり，そういった論証を駆使する数学者たちが登場し活躍していたことは疑いえない。いわば，科学の発生とともに，論理整合性の高い学問が探求され，最も厳密な議論を構築できる幾何学のような論証科学への関心の高まりが古代ギリシャで見られたことになる。まさに科学知とともに論証科学としての数学も古代ギリシャにおいて生み出されたのだった。古代ギリシャという科学のあけぼのの地は，論証科学としての数学のあけぼのの地でもあった。

実際，次章で述べるように，アリストテレスの次世代に登場したエウクレイデスが，アリストテレスによって最も厳密な議論形式として取り上げられた幾何学的証明を体系化し『原論』を編んだのは，時代の趨勢だったといえよう。さらにエウクレイデスの探求全体を総覧すれば，アリストテレスとは異なり，彼は自然現象に関しても幾何学でアプローチ可能だと考えていたことが分かる。そこで，次章では，エウクレイデスの数学を取り上げたい。

学習課題

○古代ギリシャのミレトスでなぜ科学が生まれたのか，考えてみよう。
○アリストテレスはなぜ自然学を論証ではなく弁証で扱おうとしたのか，考えてみよう。

参考文献

月本昭男訳『創世記』（岩波書店，1997 年）
周藤芳幸『古代ギリシア地中海への展開』（京都大学学術出版会，2006 年）
G. E. R. ロイド『初期ギリシア科学』（法政大学出版会，1994 年）
出隆訳『アリストテレス　形而上学』（岩波文庫，1959～1961 年）
朴一功訳『アリストテレス　ニコマコス倫理学』（京都大学学術出版会，2002 年）
山口義久『アリストテレス入門』（ちくま新書，2001 年）
Andrew Gregory, *Eureka!: The Birth of Science*（Icon Books, 2003）

2 エウクレイデス『原論』の登場と数学者エウクレイデスによる数学的自然学

《目標＆ポイント》 アレクサンドロス大王によってギリシャ語圏が拡大しアレクサンドリアを中心に科学活動が活発化することになった。アレクサンドリアが学問中心となった頃，それまでの論証数学を集大成したエウクレイデス『原論』が登場した。その『原論』の特徴を振り返りつつ，エウクレイデスが自然現象に対しても数学によってアプローチしようとしていたことを見ることで，数学者エウクレイデスの数学的自然学というべきものを考える。
《キーワード》 アレクサンドロス大王，アレクサンドリア，ヘレニズム世界，エウクレイデス，『原論』，『ファイノメナ』

1 アレクサンドロス大王による領地拡大とヘレニズム世界の成立

前章で述べたように，科学は，紀元前6世紀頃の古代ギリシャの都市ミレトスで生まれ，アテネで活躍したアリストテレスによって論理学的な枠組みが導入されるなどしてギリシャ語圏で体系化された。その過程で，学者たちの間で論理整合性への関心が高まり，最も厳密な議論を生み出す論証とその議論形態を代表する数学が誕生したのだった。

ここで注意すべきは，アリストテレスの頃までは，ギリシャ語圏はそれほど広い地域を占めなかったため，科学や数学はアテネを中心としたローカルな知だったことである。しかし，アリストテレスの教え子の一人だったアレクサンドロス大王によってギリシャ語圏が広げられることで，科学はグローバルな知となった。

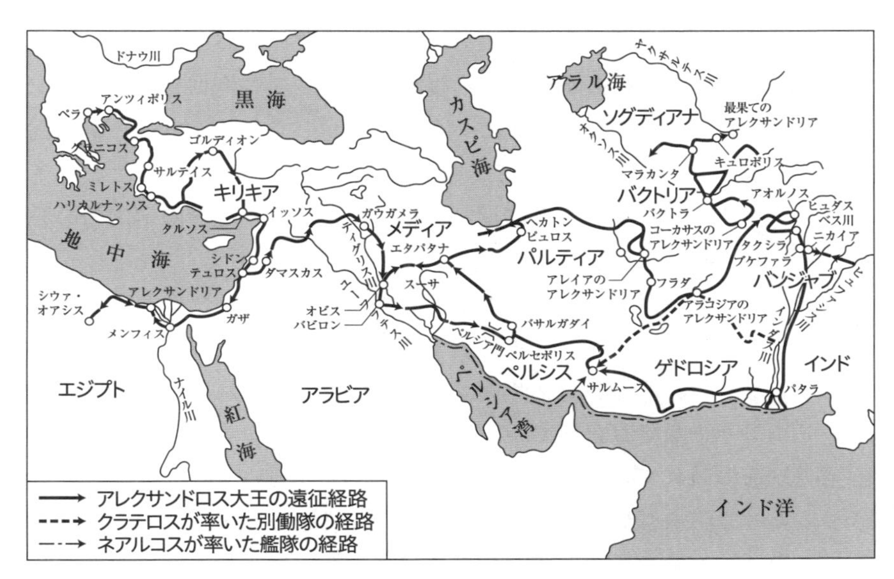

図２－１　アレクサンドロス大王の東方遠征

アレクサンドロス大王（前356～前323）は，マケドニア王のフィリポス2世（前382～前336）を父に持ち，13歳から3年間アリストテレスの教えを受けた。その後，彼は20歳で王位につくと父の政策を引き継ぎつつ積極的な東方遠征を行い，ギリシャ語圏を大きく拡大することに成功した。その支配領域は，現在のインドからエジプトまでを包括する広範なもので（図2－1を参照），このように拡大されたギリシャ語圏は，後に「ヘレニズム世界」と呼ばれた。

このヘレニズム世界を打ち立てたアレクサンドロス大王は，エジプトの一都市をアレクサンドリアと名付け，この地を首都とした。アレクサンドロス大王自身の支配はそれほど長くは続かなかったが，その後もアレクサンドリアは，アレクサンドロス大王の支配体制を継いだプトレマイオス朝（前 305～前 30）の首都として存続し，そこにおいてギリシャ語を学問語とした学芸振興が積極的に行われ，ヘレニズム世界の学問の中心地として繁栄することになった。もちろん，アレクサンドリアが設置される以前から学問都市としてアリストテレスたちが活躍したアテネも，アレクサンドリアとともに長年にわたりギリシャ語圏の学問の中心地としての役割を果たし続けた。

特筆すべきは，プトレマイオス朝期のアレクサンドリアにおいて図書館が建てられ，そこにおいてギリシャ語文献の収集が積極的に行われたことである。いわゆるアレクサンドリア図書館と呼ばれるこの図書館では，ギリシャ語圏で流布していた主要著作の写本群が集められた。印刷術発明以前の時代で知の継承を担った写本は手書きで製作されたため，写本によって伝承されていた作品群には，さまざまな筆写者の手を経ることで意識的か無意識的かに関わらず筆写者たちによる本文の改変が多く混入するようになった。そこでアレクサンドリア図書館では，諸写本を比較し後代の改変部分を確定し原典の元来の本文の再構築を目指す，いわゆる写本校訂が体系的に進められ，原典の保存が行われた。

まさにアテネとその周辺にとどまっていたギリシャ語による学問がアレクサンドロス大王の活動によりヘレニズム世界という広範囲に伝播し，アレクサンドリアにおけるギリシャ語著作群の収集活動を通じて，古代ギリシャの学問全体がアレクサンドリアに到来し集積されたといえる。アレクサンドリアは学問に関する情報の集積地となったことで学問活動の中心地としての役割を担うことになり，科学に関する学問探求もアレクサンドリアを中心に行われるようになった。ここで注目すべきは，アレクサンドリアでギリシャ語著作群の収集が進行していた頃，エウクレイデスが登場し，その後の数学研究に必要な数多くの命題群を収録した『原論』を編んだことである。

2　エウクレイデスと『原論』

エウクレイデス（あるいはユークリッド）について，その生涯を伝える資料がほとんどないため，その生没年も活動場所も明確なことは分からない。しかし，彼とプトレマイオス朝やアレクサンドリアとの関係性に言及する資料が散見されるのに加えて，アポロニオス（前3世紀後半～前2世紀前半）やアルキメデス（前287～前212）による彼への言及が存在するため，彼は，紀元前3世紀頃活躍し，プトレマイオス朝期のアレクサンドリアとのつながりをおそらく持っていた人物だと考えられる。

エウクレイデスの主著ともいうべき『原論』は全13巻からなり，全巻を通じての総命題数が460を越えるほどの数多くの数学命題を論証とともに収録する。その内容から，タイトル「原論（＝ストイケイア）」は「数学の基礎的な諸知識」すなわち数学の問題を解く際に必要な基礎となる諸命題を指すと考えられている。いわばエウクレイデスはそれらの命題群を『原論』として集めることで，数学者たちが様々な問題を解くための道具を提供しようとしたのだろう。

『原論』各巻はタイトルを持たないが，収録されている命題の内容から，エウクレイデスが各巻にテーマを設け，そのテーマに沿った数学命題群を論証付きで収録したと推測できる。各巻のおおよそのテーマは以下のとおりである。

第1巻：三角形と平行四辺形について
第2巻：直線と長方形や正方形との関係
第3巻：円
第4巻：円に内外接する正多角形
第5巻：比と比例

第 6 巻：幾何学への比例論の応用
第 7〜9 巻：数論
第 10 巻：非共測量
第 11 巻：立体幾何学の基礎
第 12 巻：円錐，錐体，および円柱
第 13 巻：正多面体

そこで各巻を見てみると，命題を論証付きで提示するのに先駆けて，まずエウクレイデスは，その巻で必要となる定義・要請・共通概念を提示するのが一般的だった。定義とは「点とは部分のないものである」のようなもので，数学命題を組み立てる際の基礎となる対象（点など）が何であるかを説明するものだったため，命題の論証で実際に使用されることはなかった。要請とは「すべての点からすべての点へと直線を引くこと」のようなもので，図形が描かれることを保証する命題を指し，後の命題の証明において実際に使用された。共通概念とは「同じものに等しいものは互いにも等しい」のような命題で，公理とも呼ばれることがある。その内容は，要請よりも幅広い対象に用いることのできる内容で，後の命題の証明でも利用された。

以上の概説から，『原論』における定義・要請・共通概念は，アリストテレスのいう論証での前提としての公理に相当することは明白である。『原論』各巻で，エウクレイデスは，その巻のトピックに関する基礎となる命題群を収集し，それらを論証しようとする際に，その巻の全体を通じて論証の必要のない誰もが疑い得ない公理的前提としての定義・要請・共通概念をまず列挙したと考えられる。

各巻でこのような前提を準備してから，エウクレイデスは，その巻のトピックに関する命題の提示と論証を提供する。ここで彼は，ある性質が成立することを示す定理（例えば第１巻第15命題「もし２直線が互いに切るならば，それらは互いに等しい対頂角を作る」など）のみならず，ある条件を満たす図形や数を得る操作を示す問題（例えば第１巻第１命題「与えられた有限直線の上に等辺三角形〔正三角形〕を作図すること」など）も提示し，論証を与えている。

そこで，エウクレイデスの提示する命題と論証を見てみると，彼は，その論証において準備しておいた要請や共通概念を用いるのみならず，すでに論証した命題もしばしば利用した。例えば，第１巻第17命題とその論証は，以下のとおりである。（論証の途中で，利用されている要請や共通概念，命題の番号を［　］で示し，利用された直後にその要請や共通概念，命題の内容を以下の＊の個所に注記した。ただし，『原論』には要請や共通概念，命題に番号を付ける習慣は存在せず，これらの番号は後代のものであることに注意されたい。）

あらゆる三角形の，２角〔の和〕はどんな仕方でとられても２直角より小さい。

三角形をABGとしよう（図２－２を参照)。私は言う，三角形

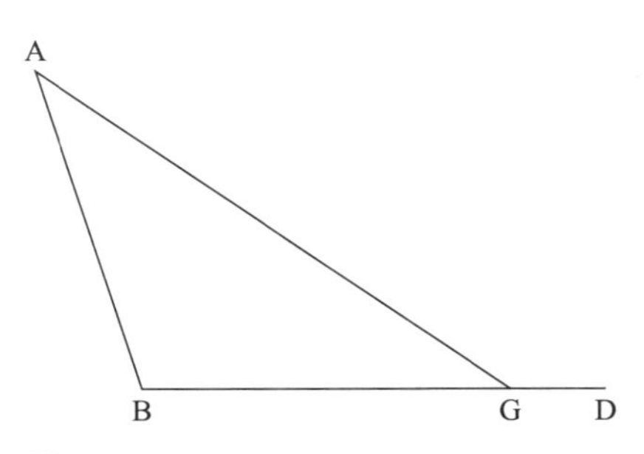

図２－２

ABGの2角〔の和〕はどんな仕方でとられても2直角より小さい。

というのは，BGがDへと延長されたとしよう［第1巻要請2］。

＊第1巻要請2:「有限な直線を連続して1直線をなして延長すること。」

すると，角AGDは三角形ABGの外角であるから，内対角ABGより大きい［第1巻命題16］。

＊第1巻命題16：「あらゆる三角形の1辺が延長されたとき，外角は内対角のどちらより大きい。」

共通な角AGBが付け加えられたとしよう。ゆえに角AGD，AGB〔の和〕は角ABG，BGA〔の和〕より大きい［第1巻共通概念4］。

＊第1巻共通概念4:「もし等しくないものに等しいものが付け加えられたならば，全体は等しくない。」

しかし角AGD，AGB〔の和〕は2直角に等しい［第1巻命題13］。

＊第1巻命題13：「もし直線の上に立てられた直線が2つの角を作るならば，2つの直角化，あるいは〔和が〕2直角に等しい2角を作ることになる。」

ゆえに角ABG，BGA〔の和〕は2直角より小さい。同様に我々は次のことも証明することになる。角BAG，AGB〔の和〕も2直角より小さく，そしてさらに角GAB，ABG〔の和〕も〔2直角より小さい〕。

ゆえに，あらゆる三角形の，2角〔の和〕はどんな仕方でとられても2直角より小さい。これが証明されるべきことであった。

この例が示すように，『原論』において，エウクレイデスは論証を編む際に，すでに準備した要請や共通概念，命題を利用し，その内容は既知のものとして論証を進めた。そうすることで，彼は，論証の厳密性を保持しつつ，論証自体の簡潔化に成功したのだった。

さらに，『原論』で論証をスムーズに進めるために用いられたのが，アルファベット付き図だった。実際，上で引用した例でも，エウクレイデスは命題を「あらゆる三角形の，2角〔の和〕はどんな仕方でとられても2直角より小さい」と一般的な言明で与えてから，アルファベット付きの図（図２－２）を導入して「三角形ABG」などとその図における幾何学対象をアルファベットで指示しながら命題内容をたどり，その後もアルファベットを用いて必要な幾何学対象に言及しながらその内容を論証していることに気づく。たしかにアルファベット付きの図を用いることで論証における論理的な流れが見やすくなるので，この工夫も論証の能率化と簡潔化に貢献したことは間違いない。

このようなアルファベット付きの図を用いることも『原論』の論証の特徴だった。エウクレイデス以降も，ある意味で現在までアルファベット付き図が利用され続けていることを考えると，幾何学的論証におけるその利便性は疑い得ない。他方，アリストテレスがすでにアルファベット付きの図を使用していたことを示唆する資料がいくつか存在するので，エウクレイデス自身がこの工夫を考案したわけではなく，エウクレイデスの頃の数学者たちの間で数学的論証を組み立てる際にアルファベット付きの図を用いるという習慣が定着していたと考えたほうがいいだろう。

そもそも『原論』に収録された膨大な数の命題群すべてをエウクレイデスが編み出したとは考えられない。やはり彼は先人が生み出した命題とその論証を収集し，それを取捨選択し増補しながらトピックごとに整理整頓することで，全13巻にもおよぶ膨大な命題群を提示することに成功したのではないか。当時の知の伝播システムを考えると，『原論』編集に関わる情報収集には，現代とは比べられないほどの困難を伴っただろうことは想像に難くない。しかし彼がそれを成し遂げることができたのは，アレクサンドリア図書館を頂点として学問情報の集積が急速に進行していた当時のアレクサンドリアとの関係を彼が保っていたためかもしれない。

このように『原論』はエウクレイデス以前に活躍した学者たちの命題群を利用して編まれたと考えられるからこそ，近代以降のギリシャ数学史研究において『原論』を扱う際，その命題群のソースとなった数学的な業績を成し遂げた数学者は誰だったのかを同定することに集中するものとなったのは当然の流れだったともいえる。しかし現在エウクレイデス以前の数学に関する言説は断片的にしか残っていないため，そのソース探求はあまりにも憶測に満ちたものになってしまった。それゆえ，エウクレイデスの先人たちの業績を『原論』から推測するよりも，『原論』の提供する数学知がどういうものだったのかを精査し，その登場が科学の歴史に与えたインパクトを考えたほうが実り多いのではないか。

科学史における『原論』登場の経緯を振り返るならば，まず，科学が古代ギリシャで生まれてから論理整合性の高い論述が追求される中で，幾何学的命題と論証による厳密な議論形態が生み出され，幾何学的論証を駆使して議論を行う数学者たちが登場したことは明らかである。その数学者たちが論証形式を整備する過程でアルファベット付き図を駆使する論証スタイルを編み出し，『原論』の命題群の元となる数学研究活動を展開したのだろう。その数学活動の集大成を，ヘレニズム世界成立後のアレクサンドリアに関係性を持っていたと思しきエウクレイデスが『原論』で成し遂げ，それ以後，『原論』にまとめられた幾何学的証明群の形式が論証科学のモデルとして長きにわたって影響を与え続けたのだった。

そもそも，なぜエウクレイデスは，数多くの幾何学的証明を収集し，幾何学的論証を組み立てる際のツールとなるような『原論』という命題集をまとめようとしたのだろうか。彼はその執筆理由を『原論』に書き残すことはなかったため，その動機を『原論』のみから知るのは難しい。しかし，この問いへの答えは，彼自身の数学とのかかわり方から見えてくるかもしれない。

3　数学者エウクレイデスと自然現象

エウクレイデスによる著作群を総覧すると，彼は『原論』のような純粋数学的な作品のみを編んだわけではなかったことに気づく。実際，ギリシャ語で現存している作品だけを見ても，彼の純粋数学以外の著作として，以下に挙げるようなものが残されている。

『ファイノメナ』：星の出没のありさま（＝ファイノメナ，現象）を球面と円の幾何学を使って論証する。
『オプティカ（視学）』：目から視線が出ているとする流出説に基づく物の見え方を幾何学に基づいて論じる。
『カトプトリカ（反射視学）』：鏡（平面鏡，凸面鏡，凹面鏡）の像に関して幾何学的に考察する。
『ハルモニア論入門』：アリストクセノス派の音階理論を要約する。
『カノーンの分割』：ピュタゴラス派の音程比理論と，カノーン（弦）の分割による音組織論を論証する。

『ハルモニア論入門』は総説的な作品で論証を含まないが，それ以外の作品においては，『原論』と同様，各作品で扱う話題の前提となるような内容が与えられてから，その話題に関連する数学的命題群が列挙される。この構成から，エウクレイデスが天文現象や視覚現象，音に関する現象といった自然現象と接点を持つ諸問題に対しても幾何学的論証を武器にアプローチしようとしたことがわかる。

例えば，『ファイノメナ』命題３は以下のようなものである。（もちろん『原論』と同じく，『ファイノメナ』における命題番号はエウクレイデスによるものではなく後代の追加であることを注意されたい。）

出没する恒星群は，それぞれ，地平線の同じ点で出没する。

コスモスにおいて，地平線を ABG としよう（図２－３を参照）。いつも見える最大円を円 ADE とし，いつも見えない最大円を円 BHZ としよう。星 Q が出没する星と選ばれ，G が東，K が西と選ばれるとしよう。私は言う，点 Q は，〔天〕球が回転する際，地平線の同じ点をいつも出没する。

KQG を，その上を点 Q が動く円としよう。ゆえに円 KQG は地平線を切り〔天〕球の軸と垂直である。しかし，軸と垂直で地平線を切る円は同じ点を出没する。ゆえに円 KQG はいつも G で昇り K で沈む。さらに星 Q は円 KQG の周を動く。ゆえに星 Q はいつも点 G で昇り，K で沈む。

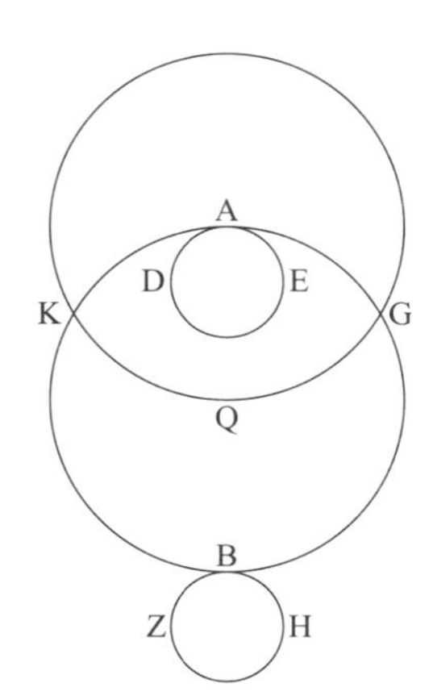

図２－３

以上の例が示すように，エウクレイデスは，「恒星が同じ場所から出没する」という自然現象を，アルファベット付きの図（図２－３）を用いて論証する。その論証スタイルは『原論』と同様で，彼は命題を一般的な言明で述べてから，アルファベット付きの図を導入して，図のアルファベットを指示しながら命題内容をたどり，論証を進める。

この論証におけるアルファベット付きの図の役割を考えると，最初にエウクレイデスが「コスモスにおいて」と述べているように，この図がコスモス（宇宙あるいは世界）を表しているのは確かである。さらに論証の途中で恒星が点Ｑと呼ばれていることから，彼にとって恒星は点で表現できる存在だったといえる。いわば彼は「恒星は同じ場所から出没する」といった万人が受け入れている現象（＝ファイノメナ）に対して，その現象の説明に必要な自然物の幾何学的表現を考案し，その図を使って現象を論証したのだった。

このような現象の幾何学化を，天文現象に限らず視覚現象や音楽に関する現象においてもエウクレイデスは遂行していたことが，上で列挙した彼の非純粋数学書群から知ることができる。彼は，あらゆる自然現象の発生原因を，アルファベット付きの図とともに幾何学的論証を用いて論証できると考えていた。

エウクレイデスの『原論』以外の諸著作を総覧することで，彼の数学者としての自然現象へのアプローチの仕方が見えてきた。彼は自然現象さえも，関連する自然物をアルファベット付きの図でうまく表現することで，論証という最も厳密な議論を構築できる数学者としての能力を駆使して，数学的に論証しようとした。

数学を全面に押し出して自然現象にアプローチした数学者エウクレイデスの態度は，自然学や形而上学において弁証を使って議論したアリストテレスのやり方とは全く異なるものだったのは明らかである。すでに述べたように，アリストテレスは天文現象を含めた自然現象に関しては論証に必要な公理を立てることができないと考えていたため，さまざまな見解からある程度の確からしさを持つものを議論の前提（いわゆるエンドクサ）として選び出し弁証を遂行した。その結果，彼の自然学や形而上学は，数多くの教説の内容を比べながらより良い議論を目指すものとなり，この取捨選択を繰り返して，彼はより良い結論を得ようと努力するのだった。

第1章で述べたとおり，このアリストテレスによる自然学や形而上学での弁証の選択は，古代ギリシャで科学が誕生して以降，議論の厳密性への関心が高まった結果のひとつだった。すなわち，議論の厳密性を徹底的に精査することで，アリストテレスは，人間の能力の限界から，最も厳密な議論を自然学と形而上学では遂行できないと結論し，弁証での議論を選んだ。

他方，古代ギリシャでは，すでに触れたように，厳密な議論としての論証を追求することで，アルファベット付きの図を伴った幾何学的論証が誕生し，それを駆使する数学者たちが活躍していたことも忘れてはならない。エウクレイデス以前の数学者たちの活動は資料があまり残っていないため確実なことは分からないが，議論の厳密性を高める途上で，論証的・数学的議論を第一に研究を進める数学者たちが増加し，少なくとも『原論』の命題群のソースとなるような研究活動を支えるくらいの数学者たちの活動がすでに存在したことは疑い得ない。さらにエウクレイデスの活動から，数学者たちの中には，幾何学的論証を使って，数学的命題のみならず，自然物とその諸現象に対しても，アルファベット付きの図を導入して現象の確かさを論証しようとする学者たちが出てきていたことは明らかである。アリストテレスとは違い，彼らは数学の力に全幅の信頼を置いて，自然現象をも論証しようとしたのだった。

このように数学の適用範囲が自然現象まで拡大する中，数学者たちがさまざまなトピックで論証を編む必要に迫られ，その際の論証の模範集としてエウクレイデスが先人たちの命題と論証を収集し『原論』に収録したのは理解できる。エウクレイデス自身も，数学を使って自然現象を語ることをいとわず，モデルとなる数学的論証集を手に，数学者として自然現象に関するいろいろな問題に取り組んでいたのではないか。

以上，古代ギリシャにおいて科学が誕生して以降，議論の論理整合性が高められる中で，自然現象に対して弁証的にアプローチする仕方と，論証的・数学的にアプローチする仕方が発生したのを見ることができた。アリストテレスの弁証的自然学・形而上学がアリストテレス死後もギリシャ語圏で大きな影響力を持ち続けたのは疑い得ない。しかし弁証的自然学とは異なる数学的自然学ともいうべきものを展開したエウクレイデスの著作群がいくつも編まれ伝承されたという事実から，数学者たちの論証による自然現象へのアプローチも，エウクレイデスの頃には無視できないほど重要なものになっていたことは結論できよう。

弁証的自然学を遂行するアリストテレスのような学者たちを自然学者と呼ぶならば，ヘレニズム世界において自然学者たちが活躍する一方で，自然現象を数学・論証でアプローチする数学者たちもその勢力を拡大していたことになる。実際，エウクレイデス以降も，ヘレニズム世界には，数学を駆使して自然現象に関する問題に取り組む態度を受け継いだ数学者たちが活躍することになった。そこで，次章では，そういった数学者の代表ともいえるアルキメデスを取り上げたい。

学習課題

○エウクレイデス『原論』はなぜアレクサンドリアで生まれたのか，考えてみよう。
○数学者エウクレイデスはどのようにして自然現象にアプローチしたのか，考えてみよう。

参考文献

澤田典子『アレクサンドロス大王』（ちくまプリマー新書，2020 年）
斎藤憲『ユークリッド『原論』とは何か―二千年読みつがれた数学の古典』（岩波科学ライブラリー，2008 年）
斎藤憲・三浦伸夫訳・解説『エウクレイデス全集　第 1 巻　原論 I-VI』（東京大学出版会，2008 年）
斎藤憲訳・解説『エウクレイデス全集　第 2 巻　原論 VII-X』（東京大学出版会，2015 年）
斎藤憲・高橋憲一訳・解説『エウクレイデス全集　第 4 巻　デドメナ／オプティカ／カトプトリカ』（東京大学出版会，2010 年）
Reviel Netz, *The Shaping of Deduction in Greek Mathematics*（Cambridge University Press, 1999）

3 『原論』後のヘレニズム世界における数学者たち―アルキメデス

《目標＆ポイント》 数学者エウクレイデスの目指した数学的自然学はヘレニズム世界で一定の後継者を生んだ。本章では，ヘレニズム世界を代表する数学者アルキメデスを取り上げ，彼の著作内容をいくつか紹介することで，アレクサンドリアを中心とした科学活動に彼がいかなる貢献をしようとしていたのかを見る。さらに彼が推進した秤の学＝機械学を総覧することで，彼にとっての数学的自然学とはどのようなものだったのかを考える。
《キーワード》 アルキメデス，『球と円柱について』，『パラボラの求積』，機械学，重さと重心，天秤

---

1 数学者アルキメデスと論証への工夫

エウクレイデスが『原論』を編んで以降，ヘレニズム世界では数学を遂行する際に必要な幾何学的証明の模範としての『原論』が普及し，数学的命題と論証を巧みに組み立てて驚くべき成果をあげる数学者たちが登場した。その代表として，アルキメデスを取り上げたい。

アルキメデスの生涯については，後世の著者たちによるさまざまな伝記や伝承が残されている一方，その信憑性に乏しいものも数多く含まれるため，彼の正確な生涯を知るのは難しい。ただし，彼は生活を送っていたシュラクサイがローマ兵によって陥落され死亡したことがわかっているので，その没年は紀元前212年と確定されている。

アルキメデスは，数多くの著作を編んだことで知られている。中でも，彼は，曲線状の平面図形や立体図形の大きさ（いわゆる面積や体積）につ

いて扱った作品を多く残した。それらを列挙するならば，以下の通りである。

『パラボラの求積』：パラボラの切片の大きさ（面積）を扱う。

＊パラボラとは現在の放物線に相当し，アルキメデスにとってパラボラは円錐を母線に平行な平面で直角に切った際にできる切り口を指す。

『球と円柱について』第１巻：球の表面積と体積を決定する。

『球と円柱について』第２巻：球の分割などさまざまな球に関する問題を扱う。

＊現在，上記２冊は『球と円柱について』第１巻・第２巻としてまとめられているが，アルキメデスは別々の著作として著した。

『螺旋について』：螺旋の接線と，螺旋の囲む部分の大きさ（面積）を扱う。

『円錐状体と球状体について』：回転パラボラなど，回転曲線体の切片の大きさ（体積）を決定する。

アルキメデスは，その著作すべてにおいて，『原論』のスタイルをおおよそ踏襲している。すなわち，彼は，まず定義や要請などのその著作で必要となる前提を与え，命題を論証しながら議論を進めてゆく。まさに彼は，エウクレイデスと同様，数学者として曲線状の図形の大きさといった話題に対して論証でアプローチしようとしていたといえる。

しかし，アルキメデスの各著作における命題群の並び方は，『原論』とは大きく異なることに注意したい。前章で述べたように，『原論』では各巻のトピックがゆるやかに設定されており，それに関連する諸命題が収集されていた。他方，アルキメデスは，各著作において最終課題を明確に設定し命題を配列していた。そこで，彼の著作の特徴を知るために，主著ともいえる『球と円柱について』第１巻を見てみよう。

すでに述べたように，アルキメデスは『球と円柱について』第１巻と第２巻を別の著作として編んだ。実際，両者にはそれぞれ，当時アレクサンドリアで活躍していたと考えられるドシテオスに宛てた異なる挨拶文が付せられており，第１巻と第２巻は別々にドシテオスのために書かれたことが分かる。

例えば，第１巻のドシテオスへのあいさつは以下のように始まる。

> アルキメデスからドシテオスさまへごあいさつ申し上げます。
>
> さて私によって探求された定理のうち，次のものを証明とともに書き上げて，前回あなたにお送りしました。すなわち，線分とパラボラによって囲まれた任意の切片は，その切片と底面を同じくし高さの等しい三角形の $1\frac{1}{3}$ である，というものでした。その後，価値ある定理を思いつき，それらの証明にかかりきっておりました。それらの定理というのは，次のようなものです。第一に，任意の球の表面は球の大円の４倍である〔＝第一課題〕。第二に，任意の球の切片（欠球）の表面は，その切片の頂点から切片の底面の円の周へと引かれた線分に等しい半径の円に等しい〔＝第二課題〕。これらのほかに，任意の球の大円に等しい底面を持ち，高さがその球の直径に等しい円柱は，球の $1\frac{1}{2}$ 倍であり，その表面も球の表面の $1\frac{1}{2}$ である〔＝第三課題〕というものであります。

ここで最初にふれられているドシテオスへの以前の献呈書の内容は，

アルキメデスがドシテオスに献呈した『パラボラの求積』の最終課題「直線とパラボラによって囲まれる切片全体が，この切片と同じ底辺・等しい高さを持つ三角形の $1\frac{1}{3}$ になる」（命題17・命題24）に合致するので，この前回の献呈書とは『パラボラの求積』を指すものと思われる。（ただし，『原論』と同様，命題番号は後代のもので，アルキメデスも命題に番号を付けることはしなかったことに注意されたい。）それゆえ，この挨拶文から，彼は『パラボラの求積』をドシテオスに献呈後，新たな3つの命題＝課題を発見し，それらに対して論証を組み立てて，その内容を『球と円柱について』第1巻と現在呼ばれている著書＝書簡としてドシテオスに再び献呈したことが分かる。

ここで注意すべきは，『球と円柱について』のように，アルキメデスは大半の著作を誰かに宛てる形で編んでいることである。彼の残した著作群に付せられたその様々な挨拶文が示すように，宛先とのやりとりは多様で，『球と円柱について』第1巻のように成果をまとめて送る場合もあれば，宛先からの要求で書簡を編むこともあった。

実際，『球と円柱について』第2巻の挨拶文は「前便であなた〔＝ドシテオス〕は，私に問題—私がコノンにその問題の命題だけを送付しておきました，その問題に証明を書きあげるように仰せられました」で始まり，ドシテオスの要求に答えるために書簡＝著作『球と円柱について』第2巻を仕上げ，ドシテオスに送ったことが分かる。さらにこの挨拶文でふれられた「前便」の存在は，彼がドシテオスから論証を依頼する書簡を受け取っていたことを示唆するので，両者の間で命題と論証をめぐってさまざまな書簡のやり取りが続いていたことは明らかだろう。

加えて，この『球と円柱について』第2巻の挨拶文の冒頭部分が明示するとおり，アルキメデスが宛先に命題のみを送る場合もあった。この個所で言及されているコノンはドシテオスの師にあたる人物で，アレクサンドリアにおいて数学諸学で活躍した学者として知られており，彼はコノンとも書簡のやり取りをしていたことになる。

このようにアルキメデスは，シュラクサイに住みながら，自らの成果を，命題のみや命題と論証など，様々な形でまとめた書簡を通じてアレクサンドリアの学者たちとのやり取りを継続していた。そうすることで，彼は数学にかかわりのあるアレクサンドリアの学者たちと交流を保ち，当地の学者から命題の論証を依頼されるほど彼の能力は高く評価されるようになったといえる。

当時，数学はアレクサンドリアを拠点として展開されていた一方，その情報網が整備されることで，アルキメデスのようにアレクサンドリアに在住していなくてもアレクサンドリアでの数学研究活動に参入し著名になるケースが見られたのは興味深い。まさにアレクサンドリアの知り合いの学者たちと書簡＝著作のやり取りをすることが彼の主たる研究活動となっていた。

以上のアルキメデスの研究活動状況を踏まえると，彼にとって，その成果を著作でいかに提示するのかが，宛先からの評価を高め，ひいてはアレクサンドリアの学者たちの間で名声を高める原動力となっただろうことは疑いえない。それゆえ，彼が，命題と論証の並べ方に細心の注意を払っていたことは容易に想像できる。

ではアルキメデスがその成果をどのように提示していたのかを『球と円柱について』第１巻で見てみよう。実際，すでに引用した挨拶文で言及されていた３つの課題が，挨拶文以降に並べられた命題において論証されている。具体的には，全44命題中，第一課題（「任意の球の表面は球の大円の４倍である」）は命題33で，第二課題（「任意の球の切片（欠球）の表面は，その切片の頂点から切片の底面の円の周へと引かれた線分に等しい半径の円に等しい」）は命題 42・43 で，第三課題（「任意の球の大円に等しい底面を持ち，高さがその球の直径に等しい円柱は，球の $1\frac{1}{2}$ 倍であり，その表面も球の表面の $1\frac{1}{2}$ である」）は命題 34 で論証されている。すなわち，『球と円柱について』第 1 巻において，第一課題と第三課題が命題 1～34 で論証され，第二課題が命題 35～44 で論証されていることになる。さらに内容を見ると，第二課題はそれまでの議論の付録のようになっているため，その焦点は命題 1～34，すなわち第一課題と第三課題にあったと考えられる。

そこで命題 1～34 を見てみると，最初は，球に関する最終課題（第一課題と第三課題）とは全く関係ないような命題群で占められていることに気づく。まず命題 1 は円に外接する多角形を扱い，命題 2 では比の関係を扱ってから，命題 3～6 で，与えられた比で円に内接・外接する多角形を作ることを扱う。その後，これら命題群を踏まえて，命題 7～12 で角錐の表面積を考察し，命題 13～20 で円錐の表面積を考察する。他方，命題 21・22 では再び命題 3～6 で扱ったような内接多角形に話題を戻し（図 3 − 1 を参照），内接等辺多角形を通る諸線分（EK，ZΛ，BΔ，…）と直径や直径の部分との比を扱う。

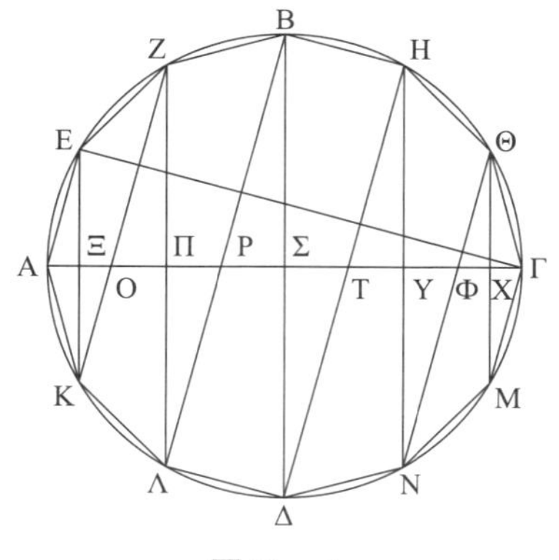

図３－１

このように，命題 22 までは最終課題（＝第一課題と第三課題）とは全く関係のない命題群が並んでいるようにみえる。しかし，命題23に至って，図の円が回転させられることで球を生成するというある種の思考実験を介して，円錐の断片群（例えば平面図形EKΛZの回転体など）が内接する球を生成する。その結果，これまで準備してきた多角形や円錐に関する命題群を回転体に適用することで一気に論述を進め，最後に命題33・34という球の表面積や体積に関する命題の論証に成功したのだった。

このようにアルキメデスは，必要な予備命題群を準備し，回転体の生成をはさむことで，突如として最終課題が論証できたように見せるのに成功した。彼が最終課題につながる命題群の提示法を工夫して，その宛先であるドシテオスを大いに驚かせただろうことは容易に想像できる。まさに彼は命題と論証を自由自在に組み立てて，その数学者としての能力の高さをアレクサンドリアの学者たちに十二分にアピールし，彼らの間で著名になった結果，多くの彼の著作が保存され現在まで伝わったといえる。

他方で，アルキメデスが『球と円柱について』第1巻命題23で円などの幾何学的対象の回転を導入し，球の大きさを決定したこと自体も注目に値する。何かを回転するという現実世界での操作を前提とする思考実験を数学の論証にはさむのは興味深い。実際，彼の残したいくつかの著作群では，回転にとどまらず，天秤の利用という，より明確に現実の事物と操作を想定する「機械学」が展開された。そこで次に，彼のいう機械学を見てみよう。

2 天秤の利用と機械学

さまざまな作品において，アルキメデスは，ものの重さを比べる道具である天秤を利用して重さに関する考察を展開している。そこで，その代表的な著作である『平面のつり合いについて』の内容を見てみよう。

『平面のつり合いについて』は全2巻からなる。その冒頭で，アルキメデスは，まず「等しい重さは等しい距離でつり合う」や「等しくて相似な平面図形が互いに重ね合わされ一致しているとき，それらの重心もまた互いに一致する」といった重さのつり合いや重心に関する要請を提示する。

これらの要請で，アルキメデスが重さや重心を既知のものとして，それらの定義を与えることはせずに用いていることに気づく。加えて，重さと重心の定義が彼の他の著作においても見あたらないため，重さと重心を彼がどのように捉えていたのかを正確に知ることはできない。

しかし，著作群の内容を通じて，アルキメデスにとって重さとはものの大きさ（平面の面積や立体の体積）を指すことは明らかである。他方，彼の重心概念を決定するのはとても難しいが，重心とは，ものを天秤に乗せた場合とものののある点でものを天秤から吊るした場合でつり合いが変化しないような点を指すのではないかと考えられる。

さて，アルキメデスは，このような要請を準備してから，『平面のつり合いについて』において，天秤を介したものの重さのつり合いに関する命題や重心に関する命題を論証とともに列挙する。例えば，命題3「等しくない重さは等しくない距離でつり合い，より重いものはより小さい距離でつり合うだろう」ではものの重さのつり合いを扱う（図3－2を参照）。ここで彼は天秤 AB において A にあるものがより重いものの場合を考え，AΓ が ΓB より小さいことを数学的に論証する。

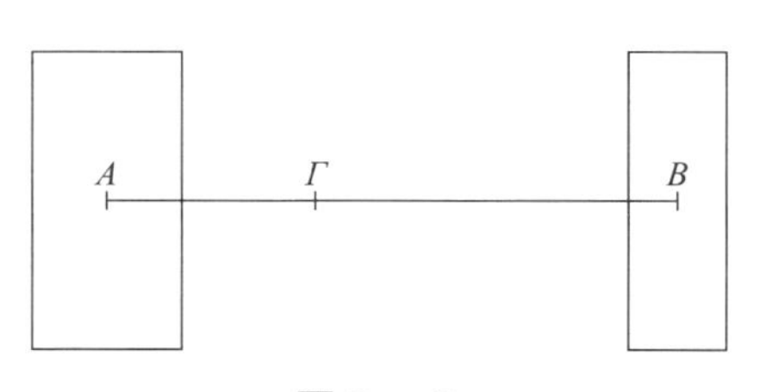

図3－2

重心に関する命題としては，例えば命題13「すべての三角形の重心は，頂点から底辺〔対辺〕

の中点へひかれた直線上にある」が挙げられる。この命題の論証で，アルキメデスは三角形を分割することで重心の位置を決定しようとしており，ここでもやはり数学的な論証が展開されている。

『平面のつり合いについて』で示されるように，アルキメデスは，ものの重さやつり合い，重心といった，本来は自然界に属する話題に対して数学でアプローチしようとしていた。実際，ものの重さをその大きさと考えることで彼は自然物を数学で扱うことを可能にし，要請から始まり命題と論証を組み立てるという『原論』のスタイルを踏襲して，数学者としてこの問題に取り組んだのだった。いわば，彼は，エウクレイデスと同様，数学を駆使して自然現象に関する問題に取り組む数学者としての態度を身につけ，論証数学を，数学的存在だけではなく自然物に対しても使用したのだった。

アルキメデスは，このような天秤を使用する学問を「機械学」と呼んだ。ここで注目すべきは，彼のいくつかの著作で，純粋数学的な話題に対しても彼が機械学を利用したことである。その最初期の適用例が『パラボラの求積』に見いだされる。

上でふれたように，『パラボラの求積』において，アルキメデスは，宛先のドシテオスに対する挨拶文でその最終課題を「直線とパラボラによって囲まれる切片全体が，この切片と同じ底辺・等しい高さを持つ三角形の $1\frac{1}{3}$ になる」と明記している。この課題自身は極めて数学的であることは疑い得ない。しかし，彼は，興味深いことに，この課題は「まず機械学的に発見され，それから幾何学的にも証明」されたと述べている。実際，この言葉を裏付けるように，『パラボラの求積』では，機械学＝天秤の使用が前半を占めている。

そこで『パラボラの求積』の内容を見ると，アルキメデスは，挨拶文を終えた後，まず命題1～5においてパラボラの諸性質を論証とともに述べる。しかし，彼は，命題6～13で急に天秤を使った大きさの比較を始める。例えば，命題6は以下のとおりである。

> 与えられた平面が水平面に垂直であると考えよ。そして直線ABのΔと同じ側が下にあり，他の側が上にあると考えよ（図3－3を参照）。直角三角形BΔΓは，直角Bを持ち，天秤の横木の半分に等しい辺BΓを持つとせよ。さて，その三角形が，点B，Γから吊るされ，ほかの面Zが，Aで，天秤の横木のもう一つの端から吊るされているとせよ。そして，Aで吊るされた面Zは，今あるままの位置の三角形BΔΓにつり合っているとせよ。このとき私は言う，面Zは三角形BΔΓの$\frac{1}{3}$である。

本命題の論証では，『平面のつり合いについて』の命題を利用しながら，アルキメデスは，面Zと三角形BΔΓの重さ＝大きさの関係を明らかにする。いわば，天秤を想定することで幾何学体の大きさの比較において重さのつり合いに関する命題群の利用が可能となり，彼は面Zと三角形

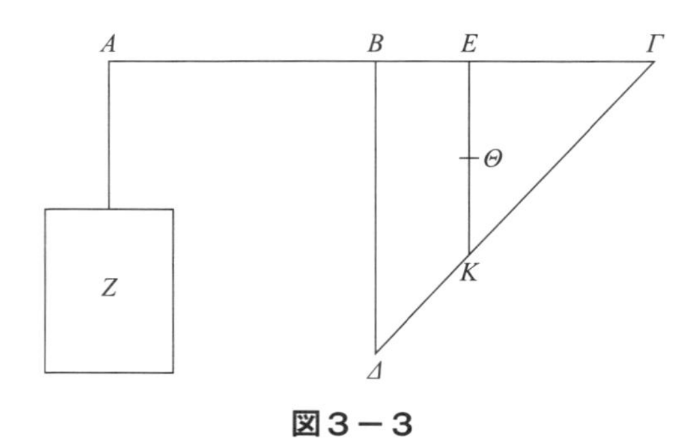

図3－3

BΔΓ の大きさ＝重さの関係を論証することができたのだった。このように，彼は，命題6～13で，天秤の両端に面と三角形をさまざまな形に吊るして，両者の重さ＝大きさの関係を論証した。

これらの準備を踏まえて，命題14～18で（図3－4を参照），天秤の両端に面と三角形に内接したパラボラを吊るして，右に吊るされたパラボラと三角形を分割して，その各分割部分の重さ＝大きさと左の面の一部分の重さ＝大きさとの関係をそれぞれ対応させることで，最終的にパラボラの大きさに関する最終課題の論証に成功した。このような天秤を用いた重さの関係を使った命題と論証部分が，彼のいう機械学的な最終課題の探求であることは明らかだろう。

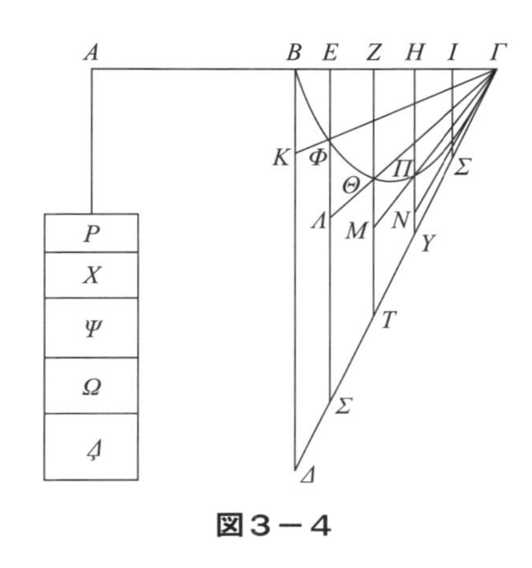

図3－4

さらに，機械学的な説明を終えた後，アルキメデスは，『パラボラの求積』の残りの命題群（命題18～24）で，最終課題を純粋数学的に論証する。そこにおいて，彼は，パラボラ内を三角形で分割し，その内接三角形群の大きさに関する論証を進め，最終的にパラボラの大きさを決定する。まさにこの後半部分が，挨拶文で彼が言及していた数学的＝幾何学的な最終課題の解決だといえる。

では，そもそもなぜ『パラボラの求積』でアルキメデスは数学的課題を機械学的に示す方法と純粋数学的に示す方法を列挙したのだろうか。数学的命題を論証するには純粋数学的方法のみで十分だったはずで，併記を選択したということは，彼が機械学的方法の数学的命題への適用に一定の価値を認めていたことは明らかだろう。実際，アルキメデスは，別の著作『方法』でも，数学的命題の論証に機械学的方法と純粋数学的方法を併用している。

『方法』(あるいはアルキメデス自身の言葉に従うと『やり方』) は現在最終部分が欠落しており不完全にしか残っていない。しかし，その挨拶文でアルキメデスがなぜこの書を編んだのかについて詳述している。それによると，彼は，宛先エラトステネスに対して，以前，二つの立体の大きさに関する命題のみを送ってその論証をエラトスネス自身に期待したが，今回，その論証を書き記したという。しかしアルキメデスは，その論証を与える前に，まず，他のいくつかの幾何学的命題群に対して，機械学的な説明のやり方を使ってその正しさを提示することにしたと注記する。彼によると，数学的命題を機械学的方法で探求するだけでは数学的な論証を与えないが，命題の正しさを機械学的方法で示すことは可能なので，機械学によって命題に関する知識をまず得ることができるため『方法』をこのような構成にしたのだと，数学的命題を機械学的に説明するいくつかの例をまず提示した理由を述べている。

この挨拶文に対応するように，『方法』前半 (命題 1～11) では，すでに他の著作で数学的に論証した命題群の正しさが天秤を利用して機械学的に確かめられる。そのあと，命題 12 以降で，その挨拶文でふれられていた『方法』の中心課題である二つの立体の大きさに関する諸命題が，まず機械学的に説明されてから，改めて幾何学的方法で論証される。

このように，アルキメデスは『方法』でも機械学的方法を数学的命題に適用したことが分かる。彼は，機械学的方法に対して，数学的論証のレベルの厳密性を確保できない方法であることを認めつつ，数学的命題の正しさを説明できるという価値を認め，このような機械学的説明を数多く『方法』に書き記したのだった。

この数学的命題の説明能力に関するアルキメデスによる機械学的方法の位置づけは，天秤という現実世界での道具の使用が大きく影響を与えているのではないだろうか。たしかに数学的命題に天秤を用いる場合，彼は仮想天秤での思考実験のみを行い，実際にものを吊り下げてつり合いを確かめるという現実の天秤操作を全く行わなかったかもしれない。しかし天秤を介入すること自体，天秤にものを吊り下げるという自然界での経験を前提とするのは明白である。それゆえ，数学的命題に機械学を用いた場合，機械学的方法は明確な自然界での操作＝経験を背景に持つからこそ，その説明は論証を与えないものと見なしたと考えられる。

以上，アルキメデスの機械学を総覧することで，機械学と数学の関係性が見えてきた。彼は重さを大きさと捉えることで，数学的厳密さを持った重さの学＝機械学を組み立てることに成功した。その厳密性を背景に，経験数学だった機械学を純粋数学にもある程度利用できることに気づき，数学的命題でも天秤でのつり合いを想定して，さまざまな幾何学体の大きさ＝重さを決定しようとしたのだった。いわば，彼は，自然界に属する話題を数学的に論証する一方で，その際に生み出した天秤操作とつり合いに関する機械学での知見を，逆に数学的話題にまで適用したのだった。

やはりアルキメデスも，エウクレイデスのように，数学者として自然現象に関する話題の数学での論証を目指し，重さやつり合いについて機械学という数学的自然学を組み立てた。さらに，彼は，天秤を操作する経験を洗練させ，逆に数学的な命題自身に利用できるほど機械学という数学的自然学の厳密性を高めたといえる。

アリストテレスのような自然学者たちは自然物と数学的対象とを明確に区別し，弁証と論証という違うシステムでそれぞれにアプローチした。しかし数学者たちは，アリストテレスの学問観を順守するのではなく，エウクレイデスのように数学ですべてを説明しようとした結果，数学的対象のみならず自然物に対しても数学の道具を使って様々な課題に取り組み，数学的自然学を生み出した。さらにアルキメデスの機械学のように，その経験の質を洗練させることで，数学的自然学は厳密性を高め，数学的命題に一定の貢献ができるくらいの厳密さを兼ね備えるまでに至ったといえよう。だからこそ，アルキメデスは，数学的方法と機械学的方法を併存させることに価値を見出したのではないだろうか。

このような数学の力に自覚的な数学者による数学と自然学との融合は，アルキメデス以降，ヘレニズム世界で様々な形で行われていった。とりわけ，天文学においては，アレクサンドリアで活躍したプトレマイオス（紀元後2世紀頃活躍）が，数学者の立場から自然物である天体の運行を数学的にどう取り扱うのかを集大成することで，地球を中心とした惑星運動モデルを完成させた。このモデルは科学史上画期となるもので，数学者による科学知全体への貢献が最もはっきりと表れる最初期の例かもしれない。そこで，次章，プトレマイオスとその数学的天文学を考えたい。

学習課題

○アルキメデスがその著作で命題をならべる際にどのような工夫をしたのか，そしてなぜ工夫しようとしたのか，考えてみよう。

○アルキメデスはどのようにして重さという自然現象を数学で扱おうとしたのか，考えてみよう。

参考文献

伊東俊太郎・佐藤徹編『科学の名著　アルキメデス』（朝日出版，1981年）
田村松平編『世界の名著　ギリシアの科学』（中央公論社，1972年）
斎藤憲『アルキメデス『方法』の謎を解く』（岩波科学ライブラリー，2014年）
林栄治・斎藤憲『天秤の魔術師アルキメデスの数学』（共立出版，2009年）
Reviel Netz, *Ludic Proof: Greek Mathematics and the Alexandrian Aesthetic* (Cambridge University Press, 2009)

4 ヘレニズム世界における天文現象の数学化とプトレマイオス『アルマゲスト』による計算天文学

《目標＆ポイント》 アレクサンドリアで数学的自然学としての天文学を完成させたのはプトレマイオスだった。彼は，アレクサンドリア・エジプトで流行していた占星術に有用な天文学を組み立てようと，計算できる惑星モデルを組み立てた。本章では彼がいかにして計算天文学を組み立てたのかを見る一方で，どのようにして自然学的な枠組みを駆使して占星術的なコスモロジーを説明しようとしたのかを考える。
《キーワード》 アポロニオス，プトレマイオス，『アルマゲスト』，『テトラビブロス』，ディオドロス

---

1 アポロニオスと天文現象の数学化

本書第2～3章で述べたように，ヘレニズム世界において，アレクサンドリアで科学活動が盛んに展開された。アレクサンドリアの求心力は甚大で，その情報網が拡大するとシュラクサイにいたアルキメデスも書簡を通じてアレクサンドリアでの数学研究活動に参入するほどだった。いわば，当時，アレクサンドリアを中心とした科学知の研究ネットワークが出来上がり，科学知はその情報網を通じてアレクサンドリアに集まる一方で，ヘレニズム世界全体に広がっていった。

このようなアレクサンドリアにおける科学研究の活性化とともに，ヘレニズム世界での数学者たちの活動も活発になった。重さの学を数学化したアルキメデスのように，彼らは，エウクレイデスと同様，論証数学による研究プログラムを身につけ，自然現象にも数学でアプローチする

ようになった。

例えば，アルキメデスのほぼ同時代人であるアポロニオス（前3世紀後半〜前2世紀前半）をとりあげよう。彼は，円錐を様々な形で切断したときにできる断面＝円錐曲線に関して『円錐曲線論』（全8巻）を残したことで知られている。残念ながらアルキメデスとは異なり，アポロニオスの著作は『円錐曲線論』以外，ほとんどギリシャ語では残っていない。(ただし『円錐曲線論』もギリシャ語では第1〜4巻しか残っていないことに注意いただきたい。本書第6章で後述するように，現在第5〜7巻はアラビア語訳でのみ現存しており，第8巻は見つかっていない。）しかし後代の言及を通じて，彼は，幾何学に関する著作をいくつも著す一方，日取り鏡や反射視学といった視学に関する作品も編んだことが知られている。やはり彼も，数学者として数学を武器に自然現象に取り組んでいたのだった。

とりわけ，アポロニオスの天文学への貢献についてはさまざまな後代の学者たちが証言するところで，彼の天文学における研究活動は著名だったと考えられる。実際，後で詳述するプトレマイオス（後1世紀頃活躍）の『アルマゲスト』第12巻によると，惑星の逆行といった不規則運動を説明するために，アポロニオスは周転円を利用したという（図4－1を参照）。

たしかに，小円＝周転円に惑星が乗っていると想定すると，周転円が大円＝導円上を回転することで，周転円上を回転する惑星が逆行（2→3）するように見えることが説明できる。

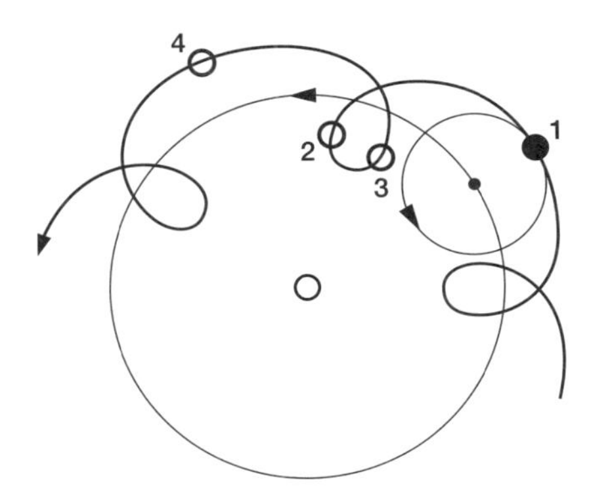

図4－1　周転円の仕組み

ここで特筆すべきは，プトレマイオスが，惑星の不規則運動を論証する際にこの周転円を「数学者たち，とくにアポロニオス」が用いたと述べていることである。この記述ではアポロニオス自身によってこの工夫が生み出されたかどうかはわからないが，少なくともアポロニオスの頃には，数学者たちが幾何学モデルを工夫して惑星運動という自然現象を数学的に論証しようとしていたことが分かる。

ただしアポロニオスたちの数学的惑星運動モデルは，惑星が逆行して見えるという現象の幾何学的な再現のみだったことは注意すべきだろう。彼らの話題の焦点は現象の説明であって，特定時刻の惑星の位置ではなかった。むしろアポロニオスの頃は，数学者たちの間で惑星の位置計算に関心がなかったと考えるべきかもしれない。

その一方で，紀元後 2 世紀にアレクサンドリアで活躍したプトレマイオスは，天文学の問題を扱う際に，幾何学的論証を基礎としながら，その論証された幾何学モデルを利用して惑星の位置を計算しようとしたのは画期的だった。

2　プトレマイオスと『アルマゲスト』

プトレマイオスに関する伝記情報は，ほとんど残っていない。しかしアレクサンドリアで行った彼の天文観測記録が，彼の主著『アルマゲスト』に多数記録されており，その観測日時から彼が 127〜141 年にアレクサンドリアで活躍していたことは少なくとも分かっている。

紀元前 1 世紀以降，ローマ帝国がヘレニズム世界を統治していたため，プトレマイオスの活躍していた当時のアレクサンドリアはローマ帝国の支配下だった。しかし，当時もアレクサンドリアはヘレニズム世界の文化的中心であり続け，科学活動もギリシャ語で盛んに行われた。

プトレマイオスは『アルマゲスト』で地球を中心とした惑星運動モデ

ルを提示したことで知られている。このいわゆる「天動説モデル」は，プトレマイオス以降のコスモロジーのスタンダードとなり，古代ギリシャの科学知を受容した各文化圏では，このプトレマイオス・モデルの改良を続けつつ，コペルニクス（1473～1543）が登場するまで地球が中心であることを順守し続けた。それほどプトレマイオスの組み立てたコスモロジーが科学史に与えたインパクトは大きかったともいえる。

プトレマイオス『アルマゲスト』は全13巻から構成される。「アルマゲスト」は後代に付けられたタイトルで，彼自身は『アルマゲスト』を「数学集成」と呼んでいる。この彼自身のタイトルが示唆するように，『アルマゲスト』で彼は，数学を道具として惑星モデルを組み立ててその正しさを論証する一方，論証したモデルを用いて惑星の位置決定を行う。実際，その内容を見ると，プトレマイオスは，第1巻の前半でそのコスモロジーの基礎となる仮説（「地球は天の中心である」など）を定立し，第1巻後半において，『アルマゲスト』で使用する数学的な道具を準備する。その際，まず扱われるのが円（一周360度）の弧1度に対応する弦の大きさで，彼はその大きさを近似決定した後，$\frac{1}{2}$度・1度・$1\frac{1}{2}$度という具合に，$\frac{1}{2}$度ごとの弧の大きさに対応する弦の長さを180度分まで列挙したいわゆる「弧弦の表」を完成させる。

ここで注意すべきは（図4－2を参照）本書第6章で後述するように，半弦（あるいは正弦，sin）は後にインドで成立したものだということである。プトレマイオスの頃には，ある一定の大きさ（R）の半径（AO）を持った円の弧（AC）に対して半弦（図のAH）を取るという考え方は存在せず，あくまで弧（弧AB）と弦（直線AB）の関係が考えられた。その関係を弧弦の表として提示することで，この表を介して弧弦の大きさの決定を簡便化しようとした。

さてプトレマイオスは弧弦の表を完成してから，現在メネラオスの定理と呼ばれている球面上の弧と弦に関する命題群を論証する。その上で，第1巻の残りから第2巻にかけて，彼はこのメネラオスの定理を利用して，黄道と地平円の傾きなど，天球面上のさまざまな弧の大きさを決定する。

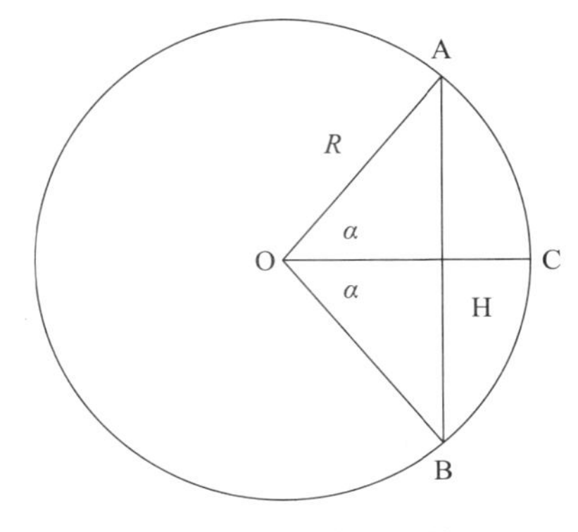

図4－2　弧弦の関係

第3巻以降，プトレマイオスは，太陽からはじめて惑星ひとつずつに対して惑星モデルを個別に組み立てていく。そこにおいて，まず彼は，周転円などを組み合わせて，惑星観測から知られている不規則な惑星運行現象を説明できる幾何学モデルを提示する。ただし，その際，観測結果を多数収集し，それらの内容を検討することで，彼は説明すべき観測結果＝現象の質を高め，それを十全に説明できる幾何学モデルを組み立て，その正しさを論証した。

このようにモデル決定を幾何学で遂行した後，プトレマイオスは観測で得られた惑星位置に関する数値データを精査し，そのデータの誤差などを考慮して確かなデータを決定し，それを用いてモデルの大きさを計算した。さらに彼は惑星モデルの大きさを決定してから，そのモデル上での惑星運行量などを円弧の大きさとして計算する。

以上で総覧した通り，プトレマイオスによるモデル作成は，数学者アポロニオスたちが行った，天文現象を説明できる幾何学モデルを提示し数学的に論証するやり方を踏襲しながら，豊富な観測データの収集と吟味を行うことで，より確かなモデルを構築し，より正確な惑星モデルの大きさを計算し決定するものだった。加えて，そのモデルの大きさが決められることで，惑星の運行量はそのモデル上の円弧の大きさを計算することで得られるようになったことが分かる。

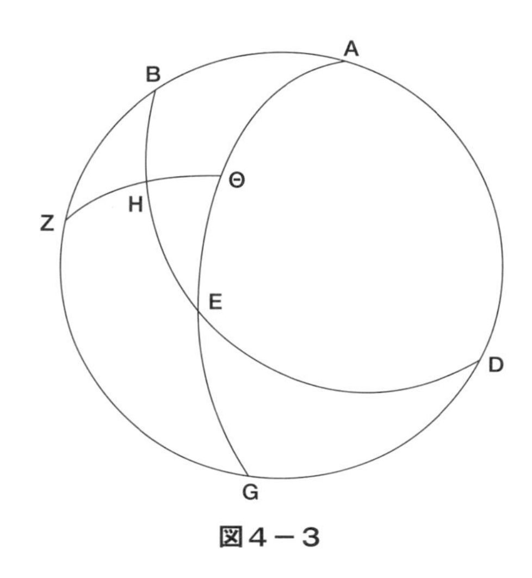

図4－3

いわばプトレマイオスは幾何学的考察と計算タスクを分離することで，天文学にかかわる量と数を，数学＝幾何学と計算の双方で決定可能にした。そこで『アルマゲスト』において彼が幾何学と計算をいかに分離し天文量を計算したのかを知るために，『アルマゲスト』第1巻第14章「赤道円と黄道円の間の弧〔＝赤緯弧〕について」を取り上げよう。(ただし，章番号と章タイトルはプトレマイオスによるものではなく後代に追加された可能性が高いことに注意されたい。)

赤緯弧とは，赤道円と太陽の通り道である黄道円との間の両赤道極を通る大円上の弧を指す。この弧を決定するため，彼は図を導入し（図4－3を参照)，そこにおいて円ABGDが両黄道極と両赤道極を通る大円，円AEGを赤道円，円BEDを黄道円，点Eを春分点，点Zを赤道極とする。ここで，黄道円上に弧EHを切り取り，その大きさを30度とし，点Zと点Hを通る大円を描くと，黄道円上の点Hの赤緯弧は弧HΘということになる。

以上の準備を踏まえ，プトレマイオスはメネラオスの定理を利用する

ことで

Crd 弧 2ZA: Crd 弧 2AB
＝(Crd 弧 2ΘZ: Crd 弧 2ΘH)･(Crd 弧 2HE: Crd 弧 2EB)

を論証する。（ここで“Crd 弧 2α”とは“弧α二つ分の弦”を指す。図4－2に基づけば，Crd 弧 2α＝2R sin 弧αとなる。）

さらに，この図における弧弦の関係を論証した後，プトレマイオスは，既知の弧弦の大きさを以下のように列挙する。

弧 2ZA＝180° より Crd 弧 2ZA＝120
＊ただしプトレマイオスにとって R＝60 である。
弧 2AB＝47;42,40° より Crd 弧 2AB＝48;31,55
＊弧 AB は黄道の最大赤緯なのでプトレマイオスにとって既知の値である。ここで“48;31,55”は 48 度 31 分 55 秒を示す。
弧 2HE＝60° より Crd 弧 2HE＝60
弧 2EB＝180° より Crd 弧 2EB＝120

このようにプトレマイオスは，まず点 H が黄経 30 度（＝弧 EH）の場合を計算しようとする。黄経とは，黄道十二宮のひとつであるおひつじ宮の初点（＝春分点＝点 E）から黄道円に沿って数えられた度数を指す。黄道十二宮は，太陽の通り道である黄道を十二分割する区分のことで，各区分は 30 度を占めるとされ，それぞれおひつじ宮・おうし宮・ふたご宮・かに宮などと，近くの星座の名前が付けられた。

この黄道十二宮という概念は，紀元前 5 世紀末頃までにはバビロニア文化圏で成立したと考えられている。そこにおいて十二宮は天体の位置を示すものさしと認識されていた。

加えて，バビロニア文化圏において，この黄道十二宮という黄道円を十二等分するものさしが導入されるのと並行して，円周が360度と定義された。バビロニア文化圏では巨大な値の運用を容易にする60進法とその計算法が編み出されており，天文計算でも巨大な値を大量に扱うため，その基準となる円周を60の倍数の360とすることで天文現象に関わる値も60進法で表記できるようになり，すべての天文計算が60進法で行われた。このようなバビロニア文化圏で編み出された計算上の工夫を受け入れたプトレマイオスは,『アルマゲスト』でも十二宮を用いて黄経を示すやり方を採用し，惑星の黄経を，例えば45度の場合「おうし宮15度」(＝30＋15) などと表記し，度数を60進法で表記したのだった。

さて,『アルマゲスト』第1巻第14章で，上で示したように既知の弧弦の値を列挙した後，プトレマイオスは，先にメネラオスの定理に基づいて論証しておいた弧弦の関係を使って計算することで,

Crd 弧 2ZΘ: Crd 弧 2ΘH＝120: 24;15,57

を導出する。ここで弧 2ZΘ＝180° なので Crd 弧 2ZΘ ＝ 120 ゆえに，Crd 弧 2ΘH は 24;15,57 となり，弧 ΘH は約 11;40° であると彼は計算を終える。その後，彼は再び弧 EH が60度の場合を計算し，弧 ΘH＝20;30,9° と決定する。

注目すべきは，本章で，プトレマイオスは計算を60度の場合で終了し，計算を繰り返して提示するかわりに，黄経1度・2度・3度という具合に，黄経1度ごとの弧に対する赤緯弧の大きさを黄経90度まで表にして最後に提示することである。この表が赤緯弧の大きさの計算を実際に行おうとする際にとても有用だっただろうことは疑い得ない。実際，表の値

に補間法を適用すれば，彼が30度と60度の場合に示したようなメネラオスの定理を使った計算をする手間なしに，あらゆる黄経に対する赤緯弧の値が求まる。

興味深いことにプトレマイオスの計算結果を表化する姿勢は惑星モデルに対しても見られる。彼は惑星ごとに幾何学モデルを組み立て，惑星モデルの大きさを計算し，最後に惑星の黄経決定に必要な諸弧の値を一定度数ごとの表にまとめる。この表を利用すれば，大きさの決まったモデル上で惑星黄経計算をその度ごとに繰り返すことなしに，補間計算のみで求めたい黄経を決定できる。

『アルマゲスト』における天文現象に関わる幾何学モデルの構築と天文計算を総覧することで，プトレマイオスによる数学的天文学プログラムが見えてきた。彼は，第一段階で，天文現象を幾何学図形で表現したあと，第二段階で，組み立てたモデルに観測データを用いてその大きさを計算し，さらに大きさの計算されたモデル上で惑星の黄経変化などを計算して見せた。たしかに『アルマゲスト』第13巻で惑星の緯度変化を扱っているが，『アルマゲスト』での彼の主眼は惑星の黄経計算だったことは明らかで，その黄経決定を数学＝幾何学でアプローチするため，彼は惑星モデルを数学的に惑星ごとに組み立て，関係する円弧を計算した。

一方，『アルマゲスト』に，惑星モデルを直接使って計算しなくても表の数値を運用すれば惑星の黄経が計算できるシステムが組み入れられたことは注目に値する。プトレマイオスの頃，彼のみならず多くの人々が黄経計算を求めていたからこそ，彼は計算結果を表にして利用者たちの便を図ったのではないだろうか。

プトレマイオスが天文計算の簡便化を狙って表を作成することを重要視していたことは，彼自身の惑星モデルに基づいた計算結果の数値を列挙したさまざまな天文表とその使い方のみを掲載した『簡便表』を彼が残したことからも明らかである。そこにおいて，彼は解くべき天文学上の問いに対していかなる表を用いて，その表上の数値をいかに操作するのかを説明するのみで，まさに彼は『簡便表』で天文計算の運用のみに焦点を当てていた。それくらい天文計算は彼にとって重要な課題だったといえる。

ではなぜ紀元後２世紀頃，プトレマイオスとその周囲の学者たちの間で惑星の黄経決定に関心が高まったのだろうか。その主要な理由として，次に述べるように，エジプトで流布していた占星術の影響が考えられる。

3　ヘレニズム世界における占星術への関心の高まり

アレクサンドロス大王の東征によってヘレニズム世界が成立すると，古代ギリシャで生まれた学芸はアレクサンドリアを中心に展開されるようになった。その結果，アレクサンドリア周辺で古代ギリシャ由来の科学知と元来存在したエジプト文化が融合し，新たな展開を迎える。そのひとつがヘレニズム世界における占星術への関心の高まりである。

占星術は，天上界の状況と地上界の状況との間に相関関係があることを前提として，天体の位置から地上の出来事を予測するものである。その予測の基礎となるのが，経験を基礎にした両者の相関関係についての記録と，ある人物の誕生時のような，ある特定の日時における，十二宮を基準とした惑星の位置（すなわち黄経）を記した星図の一種ホロスコープで，その日時の惑星の位置関係から，その日時に生まれた人物などの運勢を知ろうとした。

このようなホロスコープ占星術の基礎を生み出したのはバビロニア文化圏だったと考えられており，バビロニア文化圏で作成されたホロスコープの年代は見つかっている限りで少なくとも紀元前５世紀末までさかのぼることができる。ホロスコープ作成には特定の日時の惑星の黄経決定が必要となることは明らかで，だからこそバビロニア文化圏は，占星術を運用するために必要な大量の黄経計算を処理するために，すでに紹介した黄道十二宮というものさしや60進法計算を編み出し，膨大な観測記録と惑星位置計算結果を粘土板に残した。

さらに現存している天文学関連の記録から，エジプト文化圏がバビロニア文化圏から占星術を受容し，占星術への関心を古くから保持していたことが分かっている。実際，エジプトで占星術が盛んに学ばれていたことに関して，紀元前1世紀頃ローマ帝国で活躍したディオドロスの著した『歴史叢書』第1巻の記述が参考になる。

ディオドロスは，ある種の普遍史の記述を目指して全40巻の『歴史叢書』を編纂した。そのうち第1巻～第6巻で彼は歴史以前の神話時代の世界を扱い，第1巻でエジプトを取り上げた。その箇所で，彼は，以下のように述べている。

> 他でもそうかもしれないが，エジプト民の間では，星々の配列や運行は入念な観察の対象となった。〔中略〕また，惑星の運行，軌道，留，さらにはそれぞれの星が生き物の誕生に対してさまざまに吉またや凶を作り出す際の影響力をも，この上なく熱烈に競い合いながら見張ってきた。
>
> また人々に，当人たちが暮らしのなかで出会うことになる出来事を予言してやって，それをうまくあてるのもしばしばのことである。

ディオドロスはこの記述を神話時代のエジプトに関するものとしているため，エジプトのいつ頃の状況を彼が描いたのかは同定できない。一方，彼はアレクサンドリアを中心にエジプトを訪れ人々から聞き取り調査をしていたことが知られているため，少なくとも紀元前１世紀頃のエジプトでは，現地の人々が古来占星術文化を培ってきたという認識を共有していたことは確かだろう。この認識と対応するように，エジプトからの出土資料には，紀元前１世紀以降のヘレニズム世界のエジプトで作成されたホロスコープ記録が数多く見つかっており，紀元前１世紀頃にはエジプトでホロスコープによる出生占星術が盛んになっていたことが裏付けられている。

他方，アリストテレスの著作において占星術への関心が見られないように，古代ギリシャの学芸を集大成した頃のアテネには占星術は存在しなかったと考えられる。さらに古代ギリシャの科学を受容したエウクレイデスやアポロニオスといった紀元前１世紀以前の数学者たちにおいても，天文現象の幾何学化は遂行されたが，占星術的なものの見方は表明されることはなかった。しかしエジプトで占星術文化が紀元前１世紀頃には活発化することで，アレクサンドリアで活躍していた古代ギリシャ由来の科学知や数学知の担い手たちの中から占星術に関心を寄せる者が出てきたとしても不思議ではない。

そのヘレニズム世界のエジプトにおいて占星術への関心を深めた数学者の代表こそがプトレマイオスだった。すでに指摘したように，占星術に必要な天文計算に大きく寄与できる計算天文学を提示した『アルマゲスト』と表による天文計算を特に扱った『簡便表』を編んだことが彼の占星術への関心の高さを示唆する一方，そもそも占星術を主題にした『テトラビブロス』を彼が残したのは決定的だろう。

『テトラビブロス』は，そのタイトル「テトラビブロス」が「四巻本」を意味するとおり，全４巻からなる。第１巻第１章～第３章においてプトレマイオスは占星術の有用性を述べてから，第４章から占星術で使用する諸原理を提示する。例えば第１巻第４章「諸惑星の力について」で，土星の性質について彼は以下のように説明する。(ただし,『テトラビブロス』に関しても,章番号と章タイトルは彼によるものではなく後代に追加された可能性が高いことに注意されたい。)

> 土星の性質は,主には冷で,わずかに乾である。というのはそれ〔=土星〕は太陽の熱からも地球を取り巻く湿気の発散からもはるか遠くにあるようだからである。

この土星の例が示す通り,彼は,古代ギリシャの自然学で成立した四元素(土・水・空気・火)と四性質(冷・熱・乾・湿)を惑星などの天体に適用して天体の持つ性質とその変化を一つずつ提示していくのだった。

プトレマイオスはこのように『テトラビブロス』第1巻第4章で惑星の性質や力を説明してから,それ以降の章で天体それぞれの雌雄性,昼夜性,吉凶性などを列挙することで占星術に必要な基礎概念の準備を行う。その後,彼は,第2巻で天体の配置の諸地域や気象現象への影響を扱い,第3巻と第4巻で天体の配置の人間への影響について述べる。

以上の概観が示す通り,『テトラビブロス』は占星術の運用に必要な情報を提供するもので,後代でも占星術のマニュアルとしてよく読まれた。プトレマイオスが当時のエジプト・アレクサンドリアの占星術文化に触れて占星術を重要な学問と認めた結果,占星術に必要な知識を『テトラビブロス』でまとめる一方,占星術を支える天体位置決定に必要な計算天文学を『アルマゲスト』で提示したのは疑い得ない。

具体的には,プトレマイオスは占星術を運用する際の最大の課題であるホロスコープ作成に取り組むことで,数学者たちの伝統を受け継いで幾何学モデルを使って惑星運行を再現し,現象を厳密に表現できるモデルに基づいてホロスコープ作成に必要な惑星の黄経計算を行おうとしたのだった。その際，エジプトでの占星術への関心の興隆に呼応する形で占星術運用に絶大な力を発揮するバビロニア文化圏の計算法や観測データもアレクサンドリアに伝来したため，彼はそれらバビロニア文化圏での成果を駆使してモデル上で惑星の黄経を計算してみせた。

まさにエジプトにおいて存在していた占星術文化と古代ギリシャ由来の科学知がアレクサンドリアで融合することで，プトレマイオスによる占星術と天文学の集大成が可能となったといえる。占星術に関わる惑星位置計算への需要が，それまでの数学者たちの持っていた幾何学的な天文現象の説明という関心の枠を広げ，プトレマイオスの計算天文学が完成したのだった。

その一方，上で引用した『テトラビブロス』第1章第4節での土星の性質に関するプトレマイオスの説明から明らかなように，占星術における諸天体の働きに関する彼の説明は，自然学の枠組みを大きく借りるものだった。実際，彼は，『テトラビブロス』第1巻第1章で，星に関わる学問のうち，数学的に天体運行決定を行うのが天文学で，諸天体の形成する位置関係の本性的・自然学的な特徴から地上界の諸変化を説明するのが占星術だと述べており，彼が占星術を自然学に大きく依拠した学問としてとらえていたのは明白である。だからこそ自然学の概念を豊富に利用して占星術の理論が組み立てられたともいえる。

もちろんアリストテレスの自然学を順守するならば，天上界の存在物はエーテルからなるため，天体が四性質を持つことはありえなかった。しかし，古代ギリシャ由来の自然学的な現象説明の仕方がアレクサンドリアにやってくることで，すでにエジプトに存在した占星術の理論構築に大きな影響を与え，元素論の説明枠組みが利用された結果，アリストテレス自然学でまとめられた元素論を踏み越えていこうとしたのではないだろうか。

実際，プトレマイオスもエーテル体が四性質を持つことの矛盾には気づいていた。そのため，彼は，『テトラビブロス』第3巻第10章などで，エーテル体である諸天体が光線を出して，光線の到達先である地上界にさまざまな影響を及ぼすことで，諸天体は四性質を持つ物体のようなふるまいを地上界に対して行うと説明した。例えば土星の場合，土星の光線が到達すると，到達先を冷やしたり乾かしたりするので，土星は冷乾の性質を持つと彼は想定するのだった。

以上，プトレマイオスの『アルマゲスト』と『テトラビブロス』の内容から，エジプト・アレクサンドリアにおいてエジプト文化由来の占星術と古代ギリシャ由来の数学と自然学とが交わることで，プトレマイオスによって数学的な計算天文学と自然学的な占星術が集大成されたのを見ることができた。まさに古代ギリシャの科学知がグローバル化した結果，それまで関係のなかった文化との交流が生じ，新たな学問枠組みと世界観が生まれたのは興味深い。

その一方，『アルマゲスト』でのモデル構築に関してすでに述べてきたように，プトレマイオス自身は，エウクレイデスやアルキメデスと同様，数学者として数学で自然現象を説明しようとしていた。しかし，古代ギリシャの科学知と数学知がヘレニズム世界成立後にグローバル化し，全く新たな占星術的な世界観などとの接触によって，数学者プトレマイオスの目指す数学的自然学も，それまでの数学者たちの数学的自然学から変容していったことになる。そこで，次章において，プトレマイオスが残した『アルマゲスト』以外のさまざまな数学的自然学に関する著作を総覧しながら，数学者としての彼の活動がどのようなものだったのかを考えたい。

学習課題

○プトレマイオスはその計算天文学において，どのようにして幾何学的なモデル構築とモデル上の計算とを融合させたのか，考えてみよう。
○プトレマイオスは占星術理論を組み立てる際にどのようにして自然学的な枠組みを利用したのか，考えてみよう。

参考文献

クリストファー・ウォーカー編『望遠鏡以前の天文学―古代からケプラーまで』（恒星社厚生閣，2008 年）
S.J. テスター『西洋占星術の歴史』（恒星社厚生閣，1997 年）
飯尾都人訳編『ディオドロス　神代地誌』（龍溪書舎，1999 年）
森谷公俊訳『ディオドロス　アレクサンドロス大王の歴史』（河出書房新社，2023 年）
G.J. Toomer, *Ptolemy's Almagest*（Duckworth, 1984）
F.E. Robbins, *Ptolemy Tetrabiblos*（The Loeb Classical Library, Harvard University Press, 1994）

5　数学者プトレマイオスの数学観とプトレマイオス以後のヘレニズム世界での数学の展開

《目標＆ポイント》 数学者プトレマイオスは，幾何学と算術を道具として天文学やハルモニア論といった数学的自然学を集大成した。本章では，これら数学的自然学で必要な感覚的経験に対して彼がいかなる態度を取り論証科学としての天文学やハルモニア論を組み立てたのかを考える。さらにプトレマイオスと同じく感覚経験を精査し医学の論証科学化を進めたプトレマイオスの同時代人ガレノスを取り上げる。そのうえで，プトレマイオス後のヘレニズム世界における数学諸学の伝承を考える。

《キーワード》 プトレマイオス，『惑星仮説』，『ハルモニア論』，ガレノス，論証科学としての医学，解剖，アレクサンドリアのテオン

1　プトレマイオスの数学論

古代ギリシャで生まれた科学知は，アリストテレスによって論理的に研鑽されることで，論証に基づく数学と弁証に基づく自然学に分けられ，自然現象に関しては自然学のみでアプローチする学者たちが登場した。他方，厳密な議論としての論証を追求することで，幾何学的論証を駆使する数学者たちも登場し，彼らは数学の力に全幅の信頼を置いて，数学的命題のみならず自然現象も論証するため，数学的自然学ともいうべきものを打ち立てようとした。

プトレマイオスも，その数学者たちの流れを受け継いで，数学を使って自然現象を解明しようとしたのは明らかである。実際，彼は，天文現象を数学的に扱った『アルマゲスト』以外にも，音程の数比関係を扱う

『ハルモニア論』や，ものの視え方を扱う『視学』を残しており，これら両著作において聴覚現象や視覚現象を数学で扱おうとしていた。（ただし『視学』は，ギリシャ語原典はおろか，そのアラビア語訳も現存しておらず，アラビア語訳のラテン語訳が不完全な形でのみ現在伝わっていることに注意されたい。）彼は数学者として，エウクレイデスなどと同様，数学的自然学を目指し，あらゆる自然現象を数学で説明しようとしていたのだった。

その一方で，前章で『テトラビブロス』に関して述べたように，プトレマイオスは自然現象に対する自然学的なアプローチの有効性も認めていた。だからこそ，天体の配置の地上界への影響という，当時の彼にとって数学で示すことは難しいが自然学では扱うことのできる可能性のあるトピックに対して，『テトラビブロス』では，自然学的な枠組みを駆使して諸天体の光線を通じた力を説明することでその影響を自然学的に説明しようとした。

実際，プトレマイオスの自然学への興味は明白で，現在は散逸してしまったが，彼の『元素について』や『重さについて』といった，より自然学に重点を置いた著作が存在したことを後代の学者による言及から知ることができる。さらに，彼の自然学の利用は，『テトラビブロス』のみならず，コスモロジーに関する彼の著作『惑星仮説』でもみられる。

『惑星仮説』は全2巻からなる。残念ながら現在ギリシャ語で残っているのは第1巻の前半のみだが，その全体はほぼアラビア語訳で現存している。その第1巻でプトレマイオスは『アルマゲスト』で提示した惑星モデルを利用して各惑星の挙動を記述し，諸天体の地球からの距離と諸天体の大きさを計算する。

ここで注意すべきは，『アルマゲスト』では惑星ごとにモデルが提示され，その周転円などのモデル内のパーツに関して，そのモデルにおける相対的な大きさのみが計算されていたことである。そのため『アルマゲスト』は個別の惑星の黄経計算を可能にしたが，コスモス全体の大きさや構造は提示しなかった。

そこでプトレマイオスは『惑星仮説』第1巻で，惑星の乗っている諸天球がコスモスをいかに占めているのかを論じる。具体的には，世界には真空は存在しないという前提から，ある惑星（例えば月）の地球からの最大距離は，その惑星の上にある惑星（例えば月に対する水星）の最小距離であるという関係を利用して各惑星の乗っている天球の大きさを決定し，コスモス全体を諸天球が密集した存在として提示する。

ここで用いられた「真空は存在しない」という前提こそが自然学的なもので，この自然学の前提なしにはコスモスの大きさは計算できなかったことは確かである。実際，プトレマイオスが実測によって決定できたのは地球から月の距離と太陽の距離だけで，この自然学的な前提ぬきでは，当時，残りの惑星群の距離を決定する手段は存在しなかった。いわば第1巻でのコスモスの大きさの決定は，その大半を数学的自然学としての天文学に依拠しながら，その基盤を自然学的前提が支えた。

この『惑星仮説』第1巻での準備をふまえて，プトレマイオスはその第2巻で，コスモスを構成するエーテル体群に関する自然学的な考察を展開する。すなわち，彼は，それら惑星や恒星の乗っている天球がどのような自然学的な存在なのかを提示し，物質的な天上界を論じようとしたのだった。いわば彼は数学での自然現象の解明を目指し，その数学モデルの研鑽を進める一方，自然学的な考察も駆使してその数学的自然学の拡張を目指したことが分かる。

しかしプトレマイオスは数学者だった。彼の残した諸著作が示すように，自然学に依拠した議論はあくまで仮説で，数学的に論証された議論のみが確実だと彼は考えていた。

例えば，自然学に大いに依拠して占星術を論じた『テトラビブロス』第１巻第１章の冒頭で，プトレマイオスは，天文学と占星術は両方とも星の学を用いて予測する学問であるが，天文学の方がより正確な学問であると論じる。その理由として，天文学は論証された理論を持ち自立している一方，占星術は自立していないからだという。やはり彼にとって数学に基づく天文学は自然学に基づく占星術よりも厳密で優れた学問だったことが本書の冒頭で示唆される。

加えて，自然学と数学の関係については『アルマゲスト』第１巻第１章で詳述されていることを忘れてはならない。そこにおいてプトレマイオスは，アリストテレスにならって理論哲学を神学（＝形而上学）・自然学・数学の三つに分類すると明言し，それぞれの分野の対象や方法論を簡単に紹介してから，数学の対象が神学の対象と自然学の対象の中間に位置づけられることを確認する。以上の概観をふまえて，彼は，次のように結論付ける。

> 理論哲学のうち，最初の二者〔＝神学・自然学〕は知識というより憶測である。なぜなら神学に関してはそれが全く不可視で不可侵であるからであり，自然学に関しては質料が不安定で不透明であるからである。だから，哲学者たちがそれらについて合意する望みはないだろう。他方，数学のみが，もしも厳密に探究するならば，確実で不動の知識を与える。というのは，その〔数学での〕証明は議論の余地のない方法，すなわち算術と幾何学によって与えられるからである。

以上の結論が示すように，彼は数学のみが知識を生み出す学問であると位置づけ，残る神学と自然学は厳密性で劣るため憶測を生み出すのみだと考えていた。

たしかにアリストテレスは理論哲学を神学＝形而上学・自然学・数学に三分割したことで知られている。しかしプトレマイオスとは異なり，アリストテレスはそれぞれの分野が扱う対象の上下関係と三分野の上下関係を対応させ，最も高貴な対象を扱う神学が最上位で，地上界の現象を扱う自然学が最下位とし，その中間的な対象を扱う数学を中間的な学問とした。

すでに述べたように，この数学の対象を残り二分野の対象群の中間に位置づけるアリストテレスの見方は，上で示した『アルマゲスト』第1巻第1章からの引用箇所に先駆けて提示されたプトレマイオスによる三分野の概説で触れられていた。それゆえ，プトレマイオスは，アリストテレスの理論哲学論を理解したうえで彼の階層論を採用しなかったことが分かる。

しかし数学と神学・自然学を厳密性で区別するプトレマイオスの見方は，本書第1章で述べた，アリストテレスによる論証と弁証の分類に合致するのも確かである。数学者プトレマイオスにとって論証による議論が最良のもので，数学の有する厳密性こそが重要だったのは明白であるため，彼は対象の種類に基づいたアリストテレスの学問分類を拒否する一方で，アリストテレスの提示した論理構造に従った区分を採用して，厳密性の観点から学問を序列化し，数学を最上位に位置づけたのではないか。

以上の考察から，プトレマイオスは，アリストテレスの学問論を十二分に利用しながら，その構造を書き換えることで，論証を最重要視し数学を頂点とする学問論を打ち立てたことがわかる。だからこそ『テトラビブロス』において，占星術は自然学に大きく依拠した学問であるため，数学的な天文学に比べて厳密性に劣るものとして提示されたのだった。

ここで注意すべきは，プトレマイオスがその天文学をまとめた『アルマゲスト』を「数学集成」と呼び，上の『アルマゲスト』第１巻第１章からの引用箇所の最後で「その〔数学での〕証明は議論の余地のない方法，すなわち算術と幾何学によって与えられる」と述べていたように，彼にとって数学とは天文学のような論証で組み立てられた科学のことを指し，論証を構成する幾何学や算術はその論証を生み出す方法＝道具だったことが示唆される。実際，このような彼の数学観は『アルマゲスト』のみならず彼の『ハルモニア論』でも展開されている。

『ハルモニア論』はハルモニアを中心とした音階理論を扱うもので，その焦点は音階の比例論にあった。いわばプトレマイオスは『ハルモニア論』で音という自然現象を数学的に説明しようとしたといえる。

『ハルモニア論』は全３巻からなる。第１巻でプトレマイオスは音程の比を扱い，第２巻で音程の配列に関する音階論を展開する一方，第３巻では，これまでの音階論を拡張し，音階と霊魂や天体の運行との対応関係を述べる。残念ながら第３巻の最後の３章は目次が残っているのみでその本文は現存しない。その一方，この欠落箇所が初期のプトレマイオスの学術活動で言及されていることから，『ハルモニア論』は彼の初期の作品であることが分かっている。

さて『ハルモニア論』第３巻第３章「ハルモニアの機能やその知識はどの種のものとして考えられるべきか」の最終部分で，プトレマイオスは天文学とハルモニア論を以下のように比較している。（ただし，章番号と章タイトルはプトレマイオスによるものではなく後代に追加された可能性が高いことに注意されたい。）

> 視覚と視られるのみのものども―すなわち諸天体―の位置運動に関しては天文学があり，聴覚と聴かれるのみのものども―すなわち音―の位置運動に関してはハルモニア論がある。これら両者は，第一運動の

> 量と質については，論駁されえない道具である算術と幾何学を用いる。これら〔天文学とハルモニア論〕はそれ自体として視覚と聴覚という姉妹から生まれたいわば従姉妹のようなものであり，算術と幾何学によって最も近い同族として育てられたのである。

このように，彼は，視覚と聴覚でとらえた天文現象と音現象を幾何学と算術で探求するのが天文学とハルモニア論と定義し，両者を似通った数学の一種として考えていたことが分かる。ここで，『アルマゲスト』第1巻第1章での議論を裏付けるように，幾何学と算術が数学を組み立てる道具として明示されている。やはり彼にとって幾何学と算術は道具であって，その道具を使って自然現象の数学化を目指すのが天文学やハルモニア論といった数学諸学だった。

その一方で，この引用箇所から，プトレマイオスが天文学やハルモニア論の出発点に感覚経験があることを指摘しているのは注目すべきだろう。感覚経験こそが自然現象と人間とを結びつける媒体であるため，自然現象を扱う数学的自然学にとって，感覚経験ぬきには出発できないのはいうまでもない。では彼はこのような感覚経験をいかにして数学的な枠組みに取り込もうとしたのだろうか。

聴覚経験と数学的議論の接続については，プトレマイオスの『ハルモニア論』第1巻が参考になる。まず第1巻第1章「ハルモニア論の諸判断手段とは」の冒頭で，ハルモニア論者の持つ判断手段は感覚（＝聴覚）と理性であるとして，彼は以下のようにその理由を述べる。

> というのは，一般的に，近似的なものを発見し正確なものを受け入れることが感覚の特徴であるのに対して，近似的なものを受け入れ正確なものを発見することが理性の特徴だからである。

ここで彼は，音現象を感覚で近似的に把握し，その近似的な経験から正確なものを理性で判別すると考えていたことが分かる。

この聴覚経験論を踏まえて，プトレマイオスは，第１巻第２章「ハルモニア論者の目標とは」冒頭において，第１章で述べた感覚と理性の協働を成り立たせる器具「カノン」を以下のように紹介する。

> このような〔ハルモニア論での感覚と理性による〕アプローチのための器具は，ハルモニアのカノンと呼ばれる。〔この名称は〕共通の用語法，すなわち感覚では不十分なものどもを真理へとカノン化する〔＝矯正する〕ことに〔由来する〕。

ここでカノンとして紹介されている器具はモノコードとも呼ばれる一本の弦からなる楽器を指す。彼は，モノコードを弾いて正確な音程を理性的に経験することで，近似的でない正確な聴覚経験を獲得できると考えていた。

興味深いことに，プトレマイオスは，カノンを紹介した後，次のようにハルモニア論と天文学を比較している。

> ハルモニア論者の目標は，多くの人々の見解に沿った感覚〔経験〕にいかなる意味においてもけっして抵触することのないカノンの理性的な仮説をあらゆる手段を使って救うことである。それはちょうど，天文学者たちの目標が，観測された軌道に合致した天文運行についての仮説を救うことであるのと合致する。

この比較が示すように，彼はハルモニア論者の研究プログラムとその目標は天文学者のものと同じであると考えていた。彼にとってハルモニア論とは，器具を通じて理性が正しい経験を得ることで感覚経験を正確なものへと調整し，それに基づいて音現象に関する数学的なモデルを論証する数学だった。一方，天文学でも，正確さを期した視覚での感覚経験を介して天文現象に関する数学的モデルを論証することが目標とされていたことが分かる。やはり彼にとってハルモニア論と天文学は従姉妹と呼ぶほど類似した数学的自然学だった。

一方，プトレマイオスは感覚経験において誤りが混入することを自覚していた。そのため，『ハルモニア論』第１巻第８章「調和の比はいかなる仕方で一弦カノンによって疑い得ないものとして論証されるのか」で明記するように，彼は誤差を最小限にするため，最も正確な音程を再現できるカノン＝モノコードを器具として選ぶことで，正確な聴覚経験の理性での把握を可能にした。

他方，天文学においては，天文現象が観測者から遠く，長期にわたるものだったため，手元で経験を制御できるハルモニア論に比べて正確な感覚経験を絶えず確保することは困難だった。実際，プトレマイオスは『アルマゲスト』でさまざまなトピックにおいて観測誤差に言及し，その議論の正確性について留保している。例えば，『アルマゲスト』第３巻第１章「一年の長さについて」で，彼は，一年の長さを決定するために太陽が同じ黄経に戻るまでの期間を観測する際に，どうしても四分の一日の観測誤差が生じてしてしまうことに言及している。

このように手近での操作が難しい天文現象の観測において，プトレマイオスは，いくつかの話題で誤差を含めた感覚経験を取り込まざるを得なくなり，その結果それらの話題で近似的にならざるを得ないことを『アルマゲスト』の様々な箇所で注記するのだった。それゆえ，『ハルモニア論』と『アルマゲスト』の内容を比べることで，彼が，従姉妹である同じ構造を持つハルモニア論と天文学について，感覚経験の正確さの観点から，ハルモニア論はいつも正確な議論を提供できるが，天文学はいくつかの点で近似的になってしまうと考えていたことが分かる。

以上，プトレマイオスの数学的自然学に関する諸著作などを総覧することで，彼の数学観とその目標が見えてきた。まず彼が，エウクレイデスやアルキメデスなどと同様，数学者として自然現象を数学的に論証しようとしていたのは明らかである。しかし，さまざまな文化や情報の集積地だったアレクサンドリアで活動することで，彼は異文化や近接領域分野に触れる機会を豊富に得て，その交流を糧に，それまでの数学者たちの研究範囲を広げようとした。

天文学に関していえば，前章で述べたように，アレクサンドリアにおける天文学と占星術との交流に基づいて，プトレマイオスは計算天文学を生み出した。さらに本章の考察から，彼が天文学と自然学とを接続しようとしたことも分かった。

実際，プトレマイオスは，天文現象に自然学的な議論枠組みを使うことで，天上界と地上界の関係を扱う占星術を『テトラビブロス』で集大成し，天上界の諸天球の構造を『惑星仮説』で提示しようとした。すでに指摘したように，彼は自然学的な議論が数学に比べて厳密性の点で劣ることを認識していた。しかしこれら二つのトピックは自然学の議論なしには検討不可能なものなので，これらの話題で天文学と自然学とを接続させた彼の主要な目的は，厳密性に関してはいくぶん譲歩しつつ，それまでの天文学では説明できなかった現象まで説明可能にし，その数学的議論のカバーできる範囲を広げることだったことは明らかである。

その一方で，プトレマイオスは，数学的自然学の構造を振り返り，その出発点にある感覚経験の正確さについて考察することで，その議論枠組みの厳密性を高めようと尽力した。その際，数学的自然学の対象となる現象ごとにその感覚経験の質を精査し，理性によってその質を矯正し，できる限り正確な感覚経験を獲得しようとした。

本書第1章で述べたように，アリストテレスの学問体系において自然現象は自然学＝弁証の範疇だった。しかし，プトレマイオスは，数学者としてのアイデンティティーを維持しながら，自然現象への接近手段である感覚経験の質を高めることを意識して，幾何学と算術を論証的な議論を組み立てる道具として駆使しつつ，数学的自然学をできる限り拡張することで，数学諸学の可能性を最大限に広げた。さらに彼は，数学的自然学の枠内では扱えない現象に対して自然学を利用することもいとわなかった結果，数学的自然学を核としたありとあらゆる自然現象を扱うことのできる学問体系を完成させた。

興味深いことに，プトレマイオスが感覚経験の質を高め，論証＝数学を道具として厳密な数学的自然学としての天文学やハルモニア論を組み立てたのとほぼ同時期に，ヘレニズム世界で医学の論証科学化がガレノス（129〜210頃）によって推し進められたことは注目すべきだろう。彼は，解剖を導入することで感覚経験の質を高め，本書第1章でふれたヒッポクラテスによって自然学化された医学を論証化しようとした。

ガレノスは，現在のトルコに位置するペルガモン出身で，最終的にはローマ帝国の宮廷医にまでのぼりつめた人物である。彼が活躍していた当時は，さまざまな医学派が存在し，それぞれが自らの主張を正当化しようと数多くの論争を繰り返していた。そこで彼は他の医学派との議論に打ち勝つため，論証という最も厳密な議論法を採用することで，自身の医学理論を正当化しようとした。実際，彼は，論証の重要性についてさまざまな著作で強調しており，例えば，『ヒッポクラテスとプラトンの教説』第3巻第8章で，次のように述べている。

> 実際に真実を求める者は，詩人が言っていることを考察しないほうが

> よいだろうと私は考える。むしろ学的な前提〔＝公理〕を見出す方法を最初に学び，次に，この方法に従って訓練して鍛えるべきである。そして，その訓練が十分に進んだときに，それぞれの問題に関して，それを論証するために必要とされる前提について考察すべきである。

その一方で，医学は体内の自然現象を扱うものであることから，アリストテレスの枠組みで考えるならば自然学の一種であり，弁証で扱うべき学問だった。しかし，論証的な医学理論をめざすガレノスは，上の引用でも明らかなとおり議論の前提の性格に意識的で，前提として弁証におけるエンドクサ（見解）ではなく論証における公理に類するものを得ようとした。そのため，彼は，解剖を行う際に解剖手順などを一定のものに整えて，特定の解剖を何度でも再現可能なものとした。そうすることで，解剖によって得られた観察経験（＝感覚経験）の再現可能性を確保しその質を向上させ，解剖経験によって得られた前提が公理的なものと同じくらい確実なものにすることに彼は成功した。

加えて，ガレノスは，ヒッポクラテスの著作群を収集し，そのテクストを編集し注釈することでヒッポクラテスの四体液説を中心とした医学理論を正則化し，自らの医学理論の中心に据え，議論の整合性を高めようとした。いわば解剖による確実な前提＝公理の確保と，ヒッポクラテス理論の導入による議論の論理整合性の向上によって，ガレノスは，医学の論証科学化を成し遂げようとしたのだった。

このように，ヘレニズム世界において紀元後２世紀頃，感覚経験の質を向上させることでプトレマイオスとガレノスによって数学諸学と医学が論証科学として集大成されたことが分かる。プトレマイオスは数学者として数学的自然学研究に邁進し，その完成と拡張に成功した。彼の作り上げた数学諸学は，その惑星モデルを頂点に，一つの完成形としてヘレニズム世界に受け入れられた。その結果，プトレマイオス以後，彼の数学体系をさらに拡張しようとする数学者はヘレニズム世界には登場しなかったようである。

医学においてもガレノスを中心に同様の状況が見られた。ガレノスがその論理整合性の高い論証的な医学理論を構築した結果，ガレノス医学が権威化し，彼を越えようとする医学者はヘレニズム世界に現れなかった。

ただ，プトレマイオス以後のヘレニズム世界の数学者たちや医学者たちは，プトレマイオスやガレノスの学説を権威として受け入れる一方で，次世代に対してそれらの成果を教授し注釈することをやめなかった。その教授伝統があったからこそ，彼らの成果が今日まで伝わったといっても過言ではない。そこで，次に，プトレマイオス以後のヘレニズム世界における，とりわけ数学教授の伝統について見てみよう。

2　プトレマイオス以後のヘレニズム世界における数学

プトレマイオス以後のアレクサンドリアは，それ以前と同様，ローマ帝国下での学問の中心地であり続けた。そのアレクサンドリアで数学諸学の教育に貢献したのが，アレクサンドリアのテオン（4世紀後半頃活躍）だった。

テオンは，アレクサンドリアで学校を運営し，数学諸学を中心に教育を行っていたことが知られている。彼がプトレマイオスの業績に興味を持っていたことは，『プトレマイオス『アルマゲスト』注釈』と『プトレマイオス『簡便表』注釈』を残していることから明らかである。

『プトレマイオス『アルマゲスト』注釈』は，テオンの数学諸学に関する著作群の中で現存する最大のものである。興味深いことに，本注釈書内で彼は教育を進めるために必要に迫られて本注釈書を編んだことを吐露しており，彼が数学教育の必要性からこういった注釈書を編んでいたことが分かる。さらに彼が『アルマゲスト』と『簡便表』を注釈したことから，彼の学校においてプトレマイオスの計算天文学全体が教授されていたことが分かる。いわばプトレマイオスによって組み立てられた数学的自然学の一大成果である天文学を教育する伝統がアレクサンドリアで維持されていたのだった。

さらにエウクレイデスの諸著作のギリシャ語写本群が示唆するように，テオンはエウクレイデスの諸著作の編集にも携わっていた。実際，エウクレイデス『原論』『与件』『オプティカ（視学）』『カトプトリカ（反射視学）』に関しては，テオンによって編集された「テオン版」が多数の写本で現在まで伝わっているので，テオンがエウクレイデスの著作群を整理しなおして公刊していたと考えられる。特に『原論』は，その現存する写本の多くがテオン版であることから，テオンの編集版が公刊後に広く読まれ，後代に大きな影響を与えたことが分かる。

当時テオンがエウクレイデスのテクストの編集に向かったのも，彼が数学者たちの伝統に興味を持ち，数学的自然学を教育するため，そのテクストを使用する必要があったからではないだろうか。だからこそ，その出発点となるエウクレイデスの諸著作を編集し学生たちに提供する一方で，その数学的自然学の当時の最大の成果であるプトレマイオスの計算天文学を解説したのだろう。

このように，プトレマイオスの数学諸学を頂点とした数学者たちの成果を教育する環境がテオンを中心にアレクサンドリアで育まれていたのだった。この教育伝統がテオン以後もアレクサンドリアで続いたことは，彼の学校がその娘ヒュパティア（415没）に受け継がれ，彼女によって数学諸学の教授が続けられたことから分かる。ヒュパティアは残念ながらキリスト教勢力に殺されてしまったが，テオンのエウクレイデス編集版の後代での普及や彼のプトレマイオスの二著作への注釈書が残っていることから，その数学教授の伝統はヒュパティア以後もアレクサンドリアで保持されたことは明白である。

とはいえ，プトレマイオスによって集大成された計算天文学は圧倒的だった。その結果，プトレマイオス以前の天文学に関する著作群は不要なものとして大半が散逸してしまった。

この状況は，ガレノス医学成立後の医学分野でも同様だった。すなわちガレノスの著作は教授と注釈が継続されたが，ガレノス以外の著作はほぼ伝えられなくなり，ガレノスの引用でしかそれらは現存しなくなってしまった。いわばヘレニズム世界においてプトレマイオスとガレノスが権威化することで，科学知全体で特に目立った展開が見られなくなったといえる。

他方，ヘレニズム世界で育まれた科学知自身の展開に目を向けると，その中心地がイスラーム文化圏に移転したことに気づく。それに伴い，もちろん科学知とともに数学研究の中心もイスラーム文化圏に移動することになる。そこで，次章からイスラーム文化圏での科学知と数学の展開を見てみたい。

学習課題

○数学者プトレマイオスにとってハルモニア論における感覚経験と天文学における感覚経験にはいかなる違いがあったのか，考えてみよう。

○ガレノスがその医学理論を論証化する際に，解剖にどのような役割を与えたのか，考えてみよう。

参考文献

山本建郎訳『アリストクセノス・プトレマイオス　音楽古代音楽論集』（京都大学学術出版会，2008年）

スーザン・P・マターン『ガレノス―西洋医学を支配したローマ帝国の医師』（白水社，2021年）

エドワード・J.ワッツ『ヒュパティア―後期ローマ帝国の女性知識人』（白水社，2021年）

Jacqueline Feke, *Ptolemy's Philosophy: Mathematics as a Way of Life*（Princeton University Press, 2018）

Edward J. Watts, *City and School in Late Antique Athens and Alexandria*（University of California Press, 2007）

6　イスラーム文化圏での科学と数学伝来前夜―マンスール期を中心に

《目標＆ポイント》　イスラーム文化圏が科学と数学の研究の中心を担ったのはアッバース朝マームーン期からだった。しかしアッバース朝での外国文化との関係はそれ以前のカリフ・マンスールの頃から目立つようになり，とりわけ占星術への関心からインド天文学が先に受容された。本章では，なぜ初期アッバース朝でインド天文学が重視されたのかを考察し，そのうえでイスラーム文化圏において目立つようになった代表的な数学分野である代数学の導入過程を考えたい。

《キーワード》　アッバース朝，マンスール，インド天文学，インド式計算法，代数学，フワーリズミー

1　アッバース朝における科学研究の興隆

前章で述べたように，プトレマイオスによって天文学を含めた数学諸学が集大成された結果，ヘレニズム世界では，数学諸学の教育伝統はある程度保持されたが，それらに関する新たな展開というのはほとんど見られなくなった。このような状況は，数学にとどまらず，医学など科学知のさまざまな分野で見られ，いわばヘレニズム世界＝ローマ帝国での科学知の縮小再生産が進行していった。他方，古代ギリシャに始まった科学研究の中心は，非ギリシャ語圏のイスラーム文化圏に移転することになる。

イスラームという宗教は，610年頃，唯一神アッラーからムハンマド（571～632）が啓示を受け預言者となることではじまった。622年，ムハ

ンマドと教友たちはメディナに移住してイスラーム教団を組織し，サーサーン朝ペルシャ（226～651）を滅亡に追いやった結果，アラブ人を中心としたウマイヤ朝（661～750）が成立した。しかし，ウマイヤ朝下での非アラブ人イスラーム教徒たちへの差別が目立つようになり，特にペルシャ人たちの間で差別への不満が蓄積した。そこで，一部のアラブ人たちとペルシャ人たちとが協力することでウマイヤ朝を打倒し，アッバース朝（750～1258）を建立した。

イスラーム文化圏での古代ギリシャ由来の科学への関心に目を向けると，このアッバース朝において科学研究が興隆したことに気づく。とりわけアッバース朝7代目カリフのマームーン（在位813～833）の頃から，科学の担い手たちはその研究法を習得し，独自の科学研究を始めていた。その代表例がマームーンの命で行われた地球の大きさを正確に決定するための測定旅行である。いくつかの証言が伝えるには，マームーンはさまざまな天文学書の与える地球の大きさの値に満足せず，実測するため天文観測器具を準備し，配下の学者たちを現在のイラクにあるシンジャール砂漠に派遣し，北極周りの恒星群を観測しながら地球の周の一度分を歩いて測定させたという。この測定法自体は科学的なもので，マームーン期において科学の担い手たちはすでに科学的な研究法をよく理解し，その内容の更新を目指していたことになる。

さらに，この科学活動が展開するのに並行して，マームーンの頃から，宮廷に関係のある学者たちによってギリシャ語科学書のアラビア語への翻訳活動が本格化したのは特筆すべきである。その翻訳対象は数学諸学や医学，哲学に関するギリシャ語著作で，多数の数学諸学に関する作品が含まれていたことから，当時，科学知への関心の中心に数学諸学があったことが分かる。実際，エウクレイデス『原論』やプトレマイオス『アルマゲスト』のみならず，アルキメデスやアポロニオスの数学関連の著作群も盛んに翻訳された。その翻訳活動が大規模で網羅的だったことは，アポロニオス『円錐曲線論』（全8巻）の第5～7巻といった現在ギリシャ語原典では失われてしまった数学作品のいくつかがアラビア語訳では残っていることからも裏付けられる。（なおアポロニオス『円錐曲線論』第8巻は残念ながらギリシャ語でもアラビア語でも現存していない。）

この翻訳活動の結果，900年頃には主要なギリシャ語科学書のアラビア語への翻訳が完了し，それ以降，イスラーム文化圏ではギリシャ語が読めなくてもギリシャ語科学書のアラビア語訳を読めば科学を体系的に学べる土壌が出来上がった。いわば数学諸学を核とした科学研究がアッバース朝で盛んとなった結果，科学研究の中心がイスラーム文化圏に移動し，主要な科学文献のアラビア語化を伴って，アラビア語のみで科学研究が遂行できるようになったのだった。

では，なぜアッバース朝は異文化だった古代ギリシャ由来の科学を必要としたのだろうか。そこで，そのアラビア語翻訳活動の内容を見ると，数学諸学など科学知に関するギリシャ語文献の翻訳が多くを占める一方で，ギリシャ語文化圏で重視されたプラトンの諸著作や文学関連作品は全く翻訳されなかったことに気づく。この翻訳傾向から，アッバース朝の学者たちは，古代ギリシャ文化全体への関心というよりも，ギリシャ語圏の保持していた数学諸学への関心に引っ張られる形で翻訳を推進したと考えられる。

そもそも，初期アッバース朝では，ギリシャ文化よりもペルシャ文化への関心が高かった。冒頭でふれたように，アッバース朝はペルシャ人たちとの協力で成立したため，その最初期から，ペルシャ人たちの持っていた文化を無視できなくなっていた。そのため，マームーンが登場する以前に，アッバース朝2代目カリフをつとめたマンスール（在位754～775）は，ペルシャ人たちの祖国だったサーサーン朝ペルシャの伝統の一部を引き継ごうと，サーサーン朝ペルシャで行われていた占星術を利用した政治運営を継承することを目指し，その宮廷に数多くの占星術師たちを抱えた最初のカリフとして伝えられている。実際，マンスールの宮廷に招かれた占星術師たちの多くがペルシャ系のバックグラウンドを持っており，マンスールはダマスカスからバグダードへ遷都する日取りを宮廷占星術師たちにホロスコープを作成させて決めたことから，当時の占星術への関心がペルシャ文化との関係で形成されたことは明らかだろう。

ここで注目すべきは，占星術を行うにはホロスコープ作成の際に大量の天文計算が求められるため，マンスールは，次に述べるように，インド系の学者を招来し天文計算法を学んだことである。アッバース朝では，マームーン期にギリシャ語科学文献翻訳活動が高まる以前，マンスールはペルシャ文化という異文化との関係性を模索する中で，むしろインド系の天文知に注目していた。そこで，なぜマームーン期に古代ギリシャ由来の科学への関心が高まったのかを知るために，まず，マンスール期におけるインド系天文知への関心の背景を考えたい。

2　マンスールとインド天文学

マンスールがどのようにしてインド系の学者から天文学の知識を手に入れたのかについては，さまざまな資料がほぼ同じ内容を伝えている。例えば，法学者キフティー（1172～1248）が書いた著名な学者たちの伝記集『諸学者列伝』にはマンスール宮廷の占星術師ファザーリー（8世紀頃活躍）の項目が含まれており，その項目でキフティーは次のように伝えている。

〔ヒジュラ暦〕156年〔＝西暦772～3年〕，カリフのマンスールの元に，

> ある人がインドからやってきた。彼は2分の1度ごとに計算されたカルダジャ〔＝正弦〕による補正法や，2つの食〔日食と月食〕，黄道十二宮の上昇度数などの天球に関することがらや，数多くの章からなる書物に載っているようなことどもに関する，「シンドヒンド」の名で知られている諸星の運動にかかわる計算に精通していた。〔中略〕マンスールは，この本〔『シンドヒンド』〕をアラビア語に翻訳し，アラブ人が諸星の運動を決定する際の基礎とするような書物を，そこから編むように命じた。その任務に当たったのがファザーリーで，彼は，その〔本〕から，占星術師たちが『大シンドヒンド』と呼ぶ書物を編んだ。

この記録から，招来されたインド系の学者を通じて「シンドヒンド」と呼ばれる天文書がマンスール宮廷に伝来したことがわかる。

「シンドヒンド」はインド天文学書のタイトルによく使われたサンスクリット「シッダーンタ」のアラビア語による音写である。それゆえ，このエピソードはインド天文学書『シンドヒンド＝シッダーンタ』が宮廷にやってきたことを示す。とはいえ，エピソード前半「シンドヒンド」が計算法の名前として使われている一方で後半は書名として言及されているように，「シンドヒンド」をめぐって混乱が生じているように見える。しかしこの混乱はインド天文学の特徴を知ることで解消する。

インドにヘレニズム世界で育まれていた占星術が伝来し，インドでの学問の担い手だったバラモン（バラモン教の司祭）たちが占星術を支える天文計算法を模索した結果，5世紀頃，天球概念や周転円モデルといったインドにはそれまでなかったヘレニズム世界の天文学の概念に基づいた天文計算法がインドで登場した。そこで編まれたのが『シッダーンタ』と呼ばれる天文学書群である。

『シッダーンタ』は天文に関わる問題の解法の提示を中心にした天文書

のジャンルで，個別の問題に対して韻文で解法を与える。なぜ韻文で記述したのかというと，その内容を覚えさせるためだった。インドにおける学問の伝承は暗記すべき内容を師が口で唱え弟子に暗記させることで始まるため，暗記内容は覚えやすい簡潔な散文か韻文でできていた。暗記が完了すると，師は暗記した内容を解説して聞かせた。天文学もこのシステムで教育されていたため，『シッダーンタ』の解法記述は記憶を助けるために解法手順の提示に絞った極度に圧縮されたものだった。

例えば，代表的な『シッダーンタ』の一つであるブラフマグプタ(598〜670)の『ブラーフマ・スプタ・シッダーンタ』第3章（「三つの問題の章」）第9節は，春秋分の日の正午の太陽が作るグノーモーンの影の長さからその土地の緯度を決定する方法を，次のように述べている。（ただしここでの章節番号は後代の追加であることに注意いただきたい。）

> グノーモーン〔の長さ〕の平方と影〔の長さ〕の平方の〔それぞれ〕に掛けられて，その〔グノーモーンの長さの平方と影の長さの平方の〕和で割られた単位円の半径の平方の根〔のそれぞれ〕が，その土地の緯度の余角の正弦とその土地の緯度の正弦である。

原文を〔　〕内の言葉で補足したことから明らかなように，その解法記述は記憶を助けるために極度に圧縮されていた。さらにその内容は，「円の半径」といった幾何学量に触れながら解く手順を述べるもので，問題を解くときは覚えた解法を思い出しながら計算すれば自ずと問題が解けるように組み立てられていた。

また，インドのバラモンたちの工夫は解法の提示の仕方のみならず，その内容にも見られた。特筆すべきは「正弦 (sin)」の導入だろう。すでにふれたとおり，ヘレニズム世界では弧と弦の関係が用いられていた。

しかしそれがインドへと伝わると半分の弦（すなわち正弦，図6－1のAB）と弧の関係をもとに三角法が組み立てられ，天文学で最も必要な弧の計算の簡便化に成功した。さらに正弦に着目することで，余角の正弦すなわち余弦（cos，図6－1のBC）も用いられるようになった。現在の三角法は，このインドでの工夫に起源をもつ。

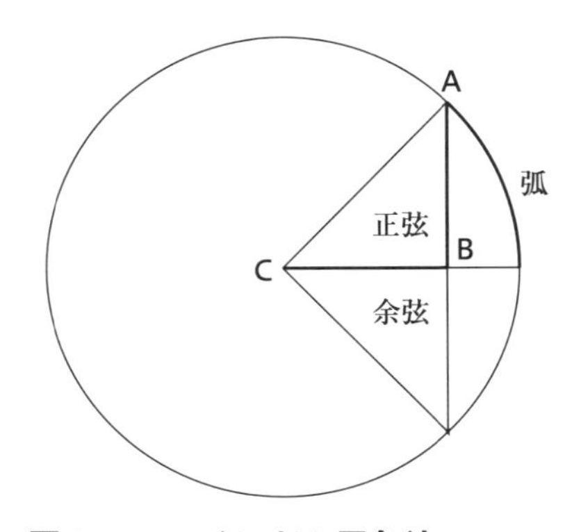

図6－1　インドの三角法

そこでグノーモーンの長さをg，グノーモーンの影の長さをs，三角法の単位円の半径をR，その土地の緯度をϕとすれば，上で引用したブラフマグプタの解法は，

$$R\sin\phi=\sqrt{R^2\cdot g^2/(g^2+s^2)} \quad と \quad R\cos\phi=\sqrt{R^2\cdot s^2/(g^2+s^2)}$$

の二つの関係式を述べていることになる。実際，春秋分の正午の太陽は図6－2のような配置にあるので，この二つの関係式は正しいことは明白だろう。

さらに，ここで忘れてはならないのは，こういった天文計算にかかわる膨大な数値計算を行う際に，インドでは，ゼロを含む10個のインド数字を用いた10進法位取りに基づくインド式計算法が使用されたことである。インド式計算法とは，算板と呼ばれる板に砂などをちりばめた道具にインド数字を位取りに基づいて並べ，手順を踏んでその数を書き直していくことで計算結果を得るもので，大量の計算を自動的に行うことができるようになった。さらに，インド式計算法が『シッダーンタ』の計算の章で扱われることが一般的だったので，この計算法が天文学と強く結びついていたことは明らかである。やはり占星術のために必要な天文計算を大量に行うために，インドでは計算法自体も改良されたのだった。

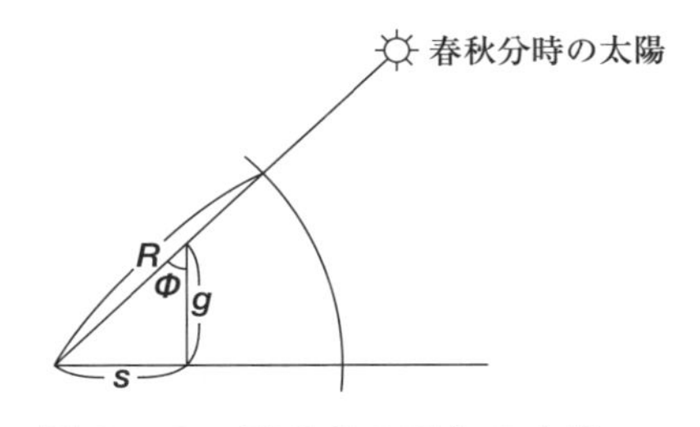

図６－２　春秋分の正午の太陽

このようにインドのバラモンたちは，占星術に必要な天文計算法の改良を進めた結果，当時の最高峰の天文計算技術を獲得し，その計算力の高さはヘレニズム世界の天文計算を超えるものとしてインド以外にも知られるようになった。それゆえ，占星術のための天文計算法を求めていたマンスールにとって，インド天文学の持つ高い天文計算技術は魅力的だっただろうことは想像に難くない。さらにインド天文学の伝授は口承によって行われていたため，彼がインド天文学を取り入れる際，インド天文学書を入手して翻訳させるのではなく，その知識を持っている人物を招来するという手段をとったのは十分理解できる。このような経緯で伝わった『シンドヒンド』は，マンスールたちにとって，インドから来た学者の披露した計算法であり，かつ彼が口承した天文学書の書名を意味した。だからこそ，上で引用したキフティーの収録する『シンドヒンド』受容に関するエピソードでは，「シンドヒンド」は計算法であり書名であるものとして言及されたのだった。

さて，このキフティーの記録が最後に触れているように，マンスール宮廷の占星術師ファザーリーは『シンドヒンド』をアラビア語化し，その改訂版『大シンドヒンド』を編んだことで知られている。実際，ファザーリーのみならず,『シンドヒンド』の内容を複数の宮廷学者たちが改良を加え,その成果を「ズィージュ」というタイトルを持つ天文書で披露したと伝えられている。そういった『シンドヒンド』改訂版の『ズィージュ』でよく読まれたのが,フワーリズミー(780頃~850頃)『シンドヒンド・ズィージュ』だった。

3 フワーリズミーと代数学

フワーリズミーはマームーン宮廷で活躍した宮廷占星術師で,天文学をはじめとした様々な分野で著作を書いたことで知られている。その著作の大半はアラビア語では散逸してしまったが,そのラテン語訳がいくつも編まれ現存している。実際,天文学に関するフワーリズミーの著作で最も普及したと思われる『シンドヒンド・ズィージュ』はアラビア語では残っておらず,その改訂版のラテン語訳のみで現存している。加えて,彼が書いたとされるインド式計算法に関するマニュアルもアラビア語原典では残っていないが,そのアラビア語版に基づいた複数の関連著作がラテン語で編まれ,その結果ラテン語化した彼の名前「アルゴリスムス」(Algorithmus)がアルゴリズム(algorithm)の語源となった。このことから彼の著作群がヨーロッパにも大きな影響を与えたことが理解できるだろう。

さて前述のとおり,『シンドヒンド』はマンスール宮廷で導入されてさまざまな関連天文書を生み出したが,フワーリズミー『シンドヒンド・ズィージュ』も含めて,アラビア語としては『シンドヒンド』に関連するほとんどの資料が散逸してしまい,現在『シンドヒンド』の内容を詳細に知ることは困難になっている。しかしフワーリズミー『シンドヒンド・ズィージュ』のラテン語版を見てみると,そこにおいて『シッダーンタ』での解法提示法が採用さているため,フワーリズミーが『シンドヒンド』をベースに本書を編もうとしたのは明らかである。さらに，彼はインド式計算法に関する著作を編んでいたので，彼がインドの天文計算を支えるインド式計算法を身につけていたことも分かる。

ここで，フワーリズミーの作品でほぼ唯一アラビア語で残っているのが，アラビア語で書かれた最初期の代数学書『ジャブルとムカーバラの要約書』だということは注目すべきかもしれない。「ジャブル」は「継ぎ足すこと＝両辺に何かを足すこと」（例えば $x^2=40x-4x^2$ ⇔〔ジャブル＝両辺に $4x^2$ を足す〕$x^2+4x^2=40x-4x^2+4x^2$ ⇔ $5x^2=40x$）を指し，「ムカーバラ」は「相殺すること＝両辺を減らすこと」（例えば $2x^2+100=58+20x$ ⇔〔ムカーバラ＝両辺を半分にする〕$x^2+50=29+10x$）を指すように，「ジャブルとムカーバラ」は，未知数を含む方程式を変形して未知数を求める代数計算を意味した。（ただしフワーリズミーは式を記号で示すことはせず，全て言葉で述べた。その際，x と x^2 には特別な用語「もの」（あるいはジズル＝根）と「マール（＝財）」が用いられた。例えば $x^2=40x-4x^2$ は「マールは 40 のもの引く 4 マールになる」と示された。本章では簡便化のために記号を使って式を表現することもあるので了承いただきたい。）

また『ジャブルとムカーバラの要約書』がラテン語に訳されることで，タイトルの「（アル）ジャブル」が音写されて代数学（algebra）の語源となったことは興味深い。この書でも，フワーリズミーはヨーロッパに大きな影響を与えた。

『ジャブルとムカーバラの要約書』の内容を見てみると，序文において，フワーリズミーは，マームーンが彼に本書を書くよう勧めたことを明言し，本書の目的は，遺産相続や商業などの場面で必要となる計算を円滑に進めるための計算術の概要（＝要約）を提供することだと述べている。実際，その本論で，彼はまず「もの・ジズル」や「マール」といった代数学の基礎概念を提供してから，方程式を6種類に分類し，それぞれの解き方を提示する。例えば,「数に等しいマールとジズル」のケースに対して，彼は $x^2+10x=39$（原文では「マール足す10のジズルが39ディルハムに等しい」と表現されている）をその例として取り上げ，以下のような解き方を与える。(ただし以下で「ジズル」を x と平方根の両方の意味で用いていることに注意いただきたい。)

> ジズル（$=x$）の数（$=10$）を半分にすると，すなわち，この問題では5である。それをそれ自身にかけると，25になる。それに39を足すと，64になる。そのジズル（$=64$ の平方根）を取ると，すなわち8である。それからジズル（$=x$）の数の半分である5を引くと，その残りは3で，これが求めるマールのジズル（$=x$）であり，マール（$=x^2$）は9である。

ここで提示されている解法は,

$$x^2+10x=39 \Leftrightarrow (x+5)^2=x^2+25+10x=39+25=64$$

の関係を用いているのは明らかである。

フワーリズミーは，これら代表的な方程式の解法を提示したあと，解き方の理由を, 図形を使いながら説明する。こういった準備をしてから, 彼は，平方根の加減乗除を説明し，未知数を含んださまざまな方程式を提示して解いてみせる。

その後，フワーリズミーは，より具体的な問題に取り組む。その内容は，商業問題（「6つで10のとき，4つでいくらか」など）や測量問題（「面積の与えられている正方形の一辺の大きさはいくらか」など），遺産分配問題（イスラーム法で遺産分配の割合が分かっている際のある特定の息子の分配額を未知数として計算する方法など）で，彼は豊富な具体例を挙げながら計算してみせる。

以上の紹介から，『ジャブルとムカーバラの要約書』は未知数を利用した実用的な代数計算を主眼としたものだと分かる。このような代数学はフワーリズミー以降，イスラーム文化圏でポピュラーな計算術の一分野となり，さまざまな学者たちがそのマニュアルを書き残した。

その一方で，フワーリズミーの代数学書が「要約」を冠しているように，当時のアッバース朝宮廷にはすでに代数学が存在し，彼はその概要を書き記したことは明らかである。いわば，代数学はフワーリズミー自身が考案したものではなかったと考えられる。

現在，フワーリズミーの紹介する代数学がどのようにしてアッバース朝で育まれたのかは，関連資料があまり残っていないためはっきりとしたことは分かっていない。しかし，彼自身がインド天文学とインド式計算法に熟達していたことを考え合わせると，彼の提示した代数学計算の起源は，インド天文学とともにやってきたインド由来の計算術にあったと考えるのが自然かもしれない。

実際，『シッダーンタ』の計算の章には「クッタカ（粉砕者）」とよばれる一次不定方程式計算が含まれることが多かった。例えば，現存する『シッダーンタ』としては最古のアールヤバタ『アールヤバティーヤ』（499成立）は「数学の章」においてクッタカを紹介しており，その内容は，

$$N=ax+R_1=by+R_2 \Leftrightarrow y=(ax+c)/b \text{（ただし } c=R_1-R_2\text{）}$$

で，a・b・R_1・R_2 が既知の場合，係数 a と b の数を次第に小さくするこ

とで x と y の候補を計算し，N を決定するというものだった。次第に小さくする計算であることから「クッタカ（粉砕者）」と呼ばれたと考えられている。（ここで，『アールヤバティーヤ』でも方程式を記号で表現することはなく，解法を言葉で述べるものだったことに注意いただきたい。）

なぜこのようなクッタカが天文書に含められたのかというと，インド天文学では，各惑星が巨大期間で何回転するのかがまず述べられるのが一般的で，その回転数を元に，ある時点での惑星の平均黄経を計算する必要があったからである。例えば，アールダラートリカ学派では，マハー・ユガ期間（4320000 年）中に，土星は 146564 回転，木星は 364200 回転，火星は 2296824 回転するなどと考えられていた。バラモンたちは，惑星のこの巨大数を元データとしてクッタカを使って求めたい日時の惑星の黄経を計算した。

具体的には，1 ユガ（$=D$ 日）に惑星が R 回転する場合，ユガの始めから y 日経過したとき，その惑星が x 回転し，回転の余りが c 日とすると，この関係は，

$$Ry/D=x+c/D \Leftrightarrow y=(Dx+c)/R$$

と表すことができる。この際，D・R・c が既知の場合，x・y はクッタカで計算できるのは明らかだろう。

このようなクッタカは，天文計算で使われるのに伴い，バラモンたちによって拡張された。その結果，『シッダーンタ』には，未知数を伴った代数方程式計算術が展開されるようになった。

惑星の平均黄経計算は天文計算の基盤をなすので，『シンドヒンド』を通じてクッタカがアッバース朝に伝来したことは容易に推測できる。残念ながらフワーリズミーのラテン語版『シンドヒンド・ズィージュ』に

はクッタカ関連計算は残っていないが，初期の『ズィージュ』にはクッタカに類する未知数計算が収録されていたことは，他のアラビア語天文関連書から裏付けられる。例えば，ハーシミー『諸ズィージュの諸根拠の書』を取り上げよう。

現在，ハーシミー『諸ズィージュの諸根拠の書』は一写本のみで現存し，ハーシミーはその著者としてしかほとんど知られていない。しかし，『諸ズィージュの諸根拠の書』で彼は『シンドヒンド』を含めた諸『ズィージュ』の歴史を振り返りつつ，フワーリズミー『シンドヒンド・ズィージュ』など初期に編まれた『ズィージュ』のさまざまな解法を，その解法の根拠づけとともに紹介している。そのため現在『諸ズィージュの諸根拠の書』は初期の『ズィージュ』の歴史に関する貴重な資料として認識されている。

『諸ズィージュの諸根拠の書』において，ハーシミーは，惑星の平均黄経計算を説明する際に，『シンドヒンド』の計算法は長いので簡便化した計算法を提示するとして，クッタカを改良した計算法を紹介している。この記述から，『シンドヒンド』を通じて，クッタカのような『シッダーンタ』の方程式計算は確実にアッバース朝に伝わっていたことが分かる。さらに，このクッタカを紹介する節を始めるにあたって，彼は「ムナッジム（＝占星術師・天文学者）が必要としムナッジム以外に人々も聞きたがるさまざまな暦や，ジャブルと観測によって彼（＝ムナッジム）が知ることを提示したい」と宣言しているため，このようなクッタカに代表されるインド式の方程式計算がアッバース朝で「ジャブル」と認識されていたことは明白である。それゆえ，フワーリズミー自身のインド天文学と数学への習熟度から考えて，未知数を用いた代数計算の技術は，おそらくインド天文計算とともにアッバース朝に伝来し，フワーリズミーは，インド天文学の計算術を身につける過程で代数計算も習得し，その代数計算術をイスラーム社会に固有な遺産分配計算などに応用したのではないかと考えられる。

以上，マンスール宮廷での『シンドヒンド』受容からフワーリズミー登場までを見ることで，マンスール期からマームーン期にかけてのインド天文学とその計算術のアッバース朝での受容と展開を考えることができた。サーサーン朝ペルシャの伝統を受け継ぐために占星術を導入する必要性に迫られたマンスールは，ペルシャ系のバックグラウンドを持つ占星術師たちを多数登用する一方，占星術に必要な計算術として当時最高峰の技術を持っていたインド天文学の天文計算術を手に入れようと，『シンドヒンド』を宮廷にもたらした。

マンスール宮廷への『シンドヒンド』伝来を契機として，インド天文学の天文計算法とそれに伴うさまざまな計算上の工夫がアッバース朝に定着した。実際，『シンドヒンド＝シッダーンタ』の解法記述法は，『シンドヒンド』をアップデートする形で編まれた諸『ズィージュ』に採用された。

ここで特筆すべきは，マンスール期以降も「ズィージュ」というタイトルを持つ天文書は数多く生み出された結果，『ズィージュ』はイスラーム文化圏で最もポピュラーな天文書のジャンルとなったことである。これら『ズィージュ』の大半には『シンドヒンド＝シッダーンタ』に由来する問題解法提示法をモデルにした解法群が収録されているので，『ズィージュ』というジャンルの成立は，インド天文学の影響がイスラーム文化圏で消滅することなく長く継続したことを裏付ける。

さらに，アッバース朝で『シッダーンタ』の解法記述法が定着するとともに，その演算に必要なインド系の計算技術である10進法のインド式計算法や，三角法，代数学も定着し，マンスール期以降もイスラーム文化圏で長きにわたって利用され続けた。やはり，その計算能力の高さゆえにインド系の天文計算法と計算技術はアッバース朝にしっかり定着し，イスラーム文化圏において重要な計算技術として生き残ったといえる。

こういったマンスール期からのインド天文学の受容と定着を踏まえると，アッバース朝に伝来したインド天文学と計算術の集大成を，マームーン宮廷占星術師のフワーリズミーがさまざまな著作で展開したことが分かる。マンスール期からマームーン期にかけて，占星術への必要性からインド系の天文計算とそれに伴う計算術を手に入れ，その能力の高さゆえに，古代ギリシャ由来の科学知を本格的に受容する以前にそれらが定着したのは興味深い。現在も我々はそのインド系の計算技術の恩恵を受けていることが示唆するように，アッバース朝における当時のインド天文学とその計算技術の定着が科学知と数学の歴史に大きな影響を与えたのだった。

しかし，インド系の天文計算の知識を背景にマームーン宮廷でフワーリズミーが活躍する一方，本章の冒頭で述べたように，そのマームーン宮廷において，古代ギリシャ由来の科学知への関心が高まりつつあった。たしかに『ズィージュ』群においても，マームーン期以降，プトレマイオスの影響が顕著となってくる。そこで次章において，どのようにマームーン期にプトレマイオス天文学が『ズィージュ』で必要になったのかを考察することで，最初の問いである，なぜマームーン期に古代ギリシャ由来の数学諸学をはじめとした科学知への関心が高まったのかを考えたい。

学習課題

○マンスールにとって，ヘレニズム世界の天文学に比べてインド天文学の持っていた優位性とはなにか，考えてみよう。

○フワーリズミーの伝えた代数学とインド天文学との関係について，考えてみよう。

参考文献

三村太郎『天文学の誕生－イスラーム文化の役割』（岩波科学ライブラリー，2010年）
林隆夫『インドの数学－ゼロの発明』（ちくま学芸文庫，2020年）
矢野道雄責任編集『インド天文学・数学集』（科学の名著，朝日出版，1980年）
Roshdi Rashed, *Al-Khwārizmī: the Beginnings of Algebra*（Saqi Books, 2009）

7 イスラーム文化圏での科学と数学の存在意義―マームーン期以降の展開

《目標＆ポイント》 アッバース朝のマームーン期以降，イスラーム文化圏では古代ギリシャ由来の科学が関心を集め，大量のギリシャ科学・哲学書がアラビア語に翻訳された。その際，数学諸学を中心とした論証科学に注目が集まり，それに関連するギリシャ語原典の受容が促進した。そこで，なぜマームーン期に論証科学が必要となったのかを考えたい。
《キーワード》 ハバシュ，キンディー，イブン・ナディーム，『原論』アラビア語訳，イスハーク・イブン・フナイン

1 マームーン宮廷におけるプトレマイオス受容

前章の最後で触れたように，マンスール期にインド天文学の強い影響下で成立した『ズィージュ』において，マームーンの頃からプトレマイオス天文学の影響が顕著になってくる。実際，その全体がアラビア語で現存している最古の『ズィージュ』のひとつである，マームーン期の占星術師ハバシュが編んだ『ズィージュ』を見てみると，その『ズィージュ』では『シッダーンタ』に特徴的な解法記述法を継承する一方，プトレマイオス『アルマゲスト』にならって天文表も収録していることに気づく。（図７－１はハバシュ『ズィージュ』イスタンブル写本における直立球（＝赤道地帯）の上昇時間に関する天文表である。）

表の使用はインド天文学には存在しなかったもので，ハバシュの頃になるとプトレマイオスの成果が本格的に『ズィージュ』に採用されるようになったことが分かる。加えて，図７－１の表の数値が黄道十二宮を

基準として60進法で記述されていることから明らかなように，ハバシュはこの『ズィージュ』で『アルマゲスト』の60進法による数値の提示法を採用し，球面上の弧弦の関係を正弦で書き直した球面三角法を利用した。インド天文学では球面の弧弦の関係を用いることはなかったため，これらの要素の導入も『ズィージュ』へのプトレマイオス天文学の影響と考えられる。

図７－１　ハバシュ『ズィージュ』での天文表

さらに特筆すべきは，マームーン期以降に編まれた『ズィージュ』群において天文表や球面三角法，60進法の採用は一般的となったことである。いわば，『ズィージュ』は，マームーン期から，インド天文学とプトレマイオス天文学の成果を兼ね備えた独自の天文書のジャンルへと成長していったのだった。

興味深いことにハバシュの『ズィージュ』には序文が付いており，その序文で彼はプトレマイオスの天文学研究法を採用して自身の解法を組み立てたと明言している。やはりマームーン宮廷においてインド天文学からプトレマイオス天文学へと関心の中心が移ったことは明白である。さらに，彼は，なぜプトレマイオス天文学を採用したのかの理由も序文で論じている。そこで，その理由を知るためにも序文の詳細を見てみよう。

まず，ハバシュは，『ズィージュ』序文の最初で，なぜこの『ズィージュ』を書こうと考えたのかについて明らかにするために，アッバース朝における天文知をめぐる状況がどのようなものだったのかを書き記す。彼によると，マームーン期以前の天文学の担い手たちは，以下のようだったという。

> ある人々は，この〔天文学〕に関して諸原理を打ち立て，太陽や月，惑星の運動を知ることにおいて，偉大な知識を持っていると主張していた。彼らはその星に関する計算において偉大さの証や驚くべき知識を持っていたが，その〔知識〕に対して何の明白な論証も正しい理由づけも与えなかった。

ここで紹介されている天文知の担い手たちとは，インド天文学の天文計算法を身につけた学者たちであるのは明らかだろう。実際，インド天文学ではその解法の理由づけは明確に行われることはなかったが，インド系の天文計算術の担い手たちは，その計算能力の高さゆえにマンスール期以降，アッバース朝宮廷で主流を占めるようになった。そしてハバシュによると，彼らの計算力の高さゆえに，周りの学者たちもその計算術を手に入れようと，計算法自身が正しいかどうかを確かめる前に，その正しさを信じるようになっていったという。

しかし，このような状況はマームーンの頃に変化したとハバシュは述べる。そのきっかけとなった出来事について，彼は，以下のように記録している。

> マームーンは卓越した知の持ち主で，精妙なる事柄や深遠なる知の探求に熱心だった。とりわけ星に関する知を好み，彼はカノン〔『アルマゲスト』〕などのギリシャ人たちの諸著作における内容と，『シンドヒ

ンド』や『アルカンド』においてインド人たちの保持していた内容，『王のズィージュ』においてペルシャ人たちの保持していた内容を比べた。すると，彼は，それらが互いに異なり，それぞれ，あるときは真なるものに合致し，あるときは真実から外れていることを見出した。

以上の状況に陥ったので，マームーンは，この〔星に関する〕学問の基礎を探求し，それを正しくするため，ヤフヤー・イブン・アビー・マンスール〔830 頃没〕に，星の学問についての諸著作の基礎に立ち戻り，この学問に精通している者たちや当時の知識人たちを集めるよう命じた。というのは，プトレマイオスが，すでに，これから知ろうと試みている星にまつわる学問に到達することは不可能ではないことを示していたからである。

そのためヤフヤーは，その命令に従って星の学問に精通している学者たちと当時の配下の知識人たちを集めて，これらの書物の基盤の探求を開始し，それらに書かれている内容の精査と比較を行った。その結果，あらゆる書物の中で「アルマゲスト」と呼ばれているプトレマイオスの書物よりも正確なものはないという見解を得た。というのは，プトレマイオスはそこにおいて明白な観測と幾何学的論証によって真の正しさへと至っていることを示しているからである。また彼がいうには太陽や月や諸星の運動を天球におけるさまざまな位置として観測し，あらゆる状況下で，それら〔諸星の位置〕の吟味を行ったのだという。その観測と吟味の結果，彼以前に諸星の平均化を行った人々の観測における誤りへと喚起され，彼は観測と吟味によって生じてきたそういった全ての誤りを正したのだった。それによって彼は当時の観測と測定で見出したことに基づいて修正することで諸星の位置を決定し，その書を仕上げたのだという。

それゆえ彼ら〔マームーン宮廷の学者たち〕はこの書〔『アルマゲスト』〕をカノンとして受け入れ，アーミラリ天球儀などの観測器具を使ってプトレマイオスが述べている観測を開始し，バグダードにおいて，さまざまな期間，太陽や月の運動の吟味をするようになった。

このハバシュの記録から，マームーン期の宮廷学者たちのプトレマイオス天文学に対する姿勢を知ることができる。彼らは，マームーンの命を受けて既存の天文学書を比べた結果，観測と幾何学的証明に基づく天文学研究法によるプトレマイオス『アルマゲスト』が最も正確だという見解を得たため，彼らはプトレマイオスの天文学研究をモデルとして自ら観測を続け，幾何学的証明による吟味を行うことでプトレマイオス天文学の改訂作業を続けるようになったという。この出来事が契機となり，ハバシュもプトレマイオスの天文学研究法を踏襲し，この『ズィージュ』を編むことにしたと述べている。

以上の逸話から，マームーンの頃になると，議論の正確さや厳密さに注目が集まり，プトレマイオス天文学への関心が宮廷学者たちの間で高まったことが分かる。たしかにハバシュの証言を完全な史実として扱うのは難しいが，その内容はハバシュの同時代人たちであるマームーン期の学者たちのプトレマイオス天文学への態度を十分に反映したものであることは疑い得ない。

ではなぜマームーン期になると議論の厳密性に関心が高まったのだろうか。そこで，ハバシュと同時期にマームーンの宮廷で活躍したキンディー（801～866）の活動を見ることで，その宮廷において厳密な議論を行う意義を考察したい。

2　キンディーと科学知

イスラーム文化圏において「アラブ人最初の哲学者」と呼ばれたキンディーは，まず占星術の能力を買われてアッバース朝宮廷に参与したと考えられている。とはいえ，彼の残した著作は占星術にとどまらず，以下に挙げる彼の作品のタイトルが示すとおり，古代ギリシャ由来の科学知に関する多岐にわたるものだった。（以下，そのタイトル群を，扱われている内容によって分類し列挙する。）

代表的なキンディーの著作タイトル

哲学－『第一哲学についてのムウタシムへのキンディーの書』

論理学－『ポルフィリオス『エイサゴーゲー』要約』『論理学的論証序説』

幾何学－『エウクレイデスの書の目的について』『エウクレイデスの書の改良について』

算術－『算術入門』『インド数字の扱い方』

調和論－『調和について大書簡』『メロディーの合成について』

天文学－『惑星の状況について尋ねられた問いに関する書簡』『諸天体の違いについて』

占星術－『天体の光線について』『占星術入門』

医学－『ヒッポクラテスの医学について』『毒の解毒について』

論駁書－『二元論者論駁』『神の一性と世界の有限性についてのイブン・ジャフムへの書簡』

以上のタイトルが示すように，彼は，科学知の中でも，数学諸学と医学，哲学に通じていた。

ここで興味深いのは，多種多様なテーマで書かれたキンディーの著作の大半が，誰かの質問に対する答えを収録した書簡だったということである。彼が質問者の要望に応えて返信した理由は，質問者が彼にとってパトロンというべき存在だったからである。

アッバース朝では，多くの学者が，パトロンであるカリフなどの政治権力者たちの助言者として活動し生活の糧を得ていた。そのため彼らはパトロンの要求するさまざまな課題にできる限り答えようとした。他方パトロンに目を向けると，その多くは複数の助言者を抱え，しばしば課題解決の際に配下の学者たちを集め討論させた。その結果，助言者という数少ない席を巡って争っていた当時の学者たちは議論の場で他の参加者たちを圧倒するために強力な議論力を身につけようとしていた。

キンディーも助言者や討論者として活動するうちに，占星術にとどまらず，哲学や医学など，さまざまな話題の議論に参加した結果，「論駁書」に分類した著作タイトルが示す通り，「神の一性や世界の有限性」といったイスラーム布教にかかわる話題にまで助言範囲を広げていた。なぜ当時，神の一性と世界の有限性が話題になっていたのかというと，ゾロアスター教徒を代表とする永遠なる善と悪の存在を信じる二元論者たちが唯一神の存在を否定し世界の無限性を主張しており，イスラーム布教によって拡大を進めていたアッバース朝にとって二元論者たちの主張を論駁することは喫緊の課題だったためである。それゆえ，キンディーは二元論者論駁につながる神の一性と世界の有限性を示すことを様々なパトロンから求められた結果，この話題を扱う書簡を複数残すことになった。

この二元論者論駁に関わるキンディーの書簡のひとつが『事物の有限性についてのアフマド・イブン・ムハンマド・フラーサーニーへのヤアクブ・イブン・イスハーク・キンディーの書簡』である。興味深いことに，本書簡で彼は「世界の有限性」を論証の形式に則って証明している。

その論証において，キンディーは「等質な量」に注目する。等質な量とは，キンディーによると線分などの数学的な量のことで，論証を始めるにあたって「等質な量」に関する以下の四つの前提＝公理をまず提示する。

前提１　二つの等質な量が互いに大きくも小さくもなければ，両者は等しい。

前提２　ある等質な量に別の等質な量を加えると，その結果はもとの等質な量とは異なる。

前提３　二つの限りない等質な量において，一方が他方より小さいことは不可能である。

前提４　有限な等質な量の和は有限である。

これらの前提をふまえて，キンディーは次のように論証を進める。まず限りない事物が存在すると仮定するならば，その内部に有限な事物が想定できる。そこでその内部の有限な事物が限りない事物から切り離されたならば，その残りの事物は有限の事物か無限の事物かであるはずである。もしも残りが有限ならば，残りと切り離された事物との和は有限のはずであり，これは想定と矛盾する。もしも残りが無限ならば，残りと切り離された事物との和も無限となるが，切り離された事物が足された無限は，足される前の無限より大きいので前提３に矛盾する。それゆえ最初の仮定が間違っていることになり，彼は世界の有限性は論証できたという。

このように，占星術師として宮廷に参与したキンディーはエウクレイデス『原論』など数学諸学をはじめとした科学知の素養を持っていたため，論証という強力な議論法を武器に二元論者論駁でも活躍していた。一方，上で示した彼の著作＝書簡一覧が示すように，彼のもとにさまざまなパトロンから質問が殺到し幅広い分野にわたる助言内容を記した数多くの書簡を彼が残したということから，宮廷関係者たちが彼の論証的議論の強力さに感銘を受け，彼は助言者としての地位を確固たるものとしていたことが分かる。さらに，彼の書簡群に『エウクレイデスの書の目的について』や『惑星の諸状況に関して尋ねられた問いについての書簡』など，古代ギリシャ由来の数学や天文学の内容を紹介するようなものも多く含まれているので，宮廷で論証に注目が集まるのと並行して，その議論形式で組み立てられたヘレニズム世界の数学や天文学などの数学諸学をはじめとした論証科学自身への関心も高まっていたことも明白だろう。

マームーン宮廷における論証をめぐる動きを踏まえると，ハバシュ『ズィージュ』序文で述べられていたように，論証に基づくからこそプトレマイオス『アルマゲスト』が最良の天文学書としてマームーン宮廷で認識され，学者たちが論証科学としてのプトレマイオス天文学の研究法を身に付けてプトレマイオスの成果の更新を目指したのも理解できる。彼らにとって，あくまで論証という厳密な議論法で組み立てられているゆえに，プトレマイオス天文学は重要だった。

このように論証を重視する土壌となったマームーン宮廷において，プトレマイオス天文学のみならず，ヘレニズム世界で培われた論証科学全体に注目が集まるようになった。実際，キンディーの書簡群がカバーした領域が示す通り，数学諸学のみならず，医学や哲学への関心も高まっていた。

医学に関しては，当時，ガレノスの医学書に興味が集まった。本書第５章で述べたように，ローマ帝国下で論理整合性の高い強力な議論を求めて医学の論証科学化を目指したガレノスの医学書は，特にアッバース朝の宮廷医学者たちにとって，論証的な議論を組み立てる際の手本としてよく読まれるようになった。さらに哲学に関しては，科学知に論理学的な基盤を与えたアリストテレスの哲学書が注目を集めた。ガレノスとアリストテレスの著作群が選ばれたことから分かるように，マームーン期での医学と哲学への注目のきっかけも論証への関心からだった。他方，ヘレニズム世界では重要だったギリシャ文学やプラトンの作品群は論証に関わらないため大々的に扱われることはなかった。

以上，マームーン期以降の宮廷学者たちの動向を見ることで，当時，なぜ異文化だった古代ギリシャ由来の科学への関心が高まったのかが分かってきた。政治権力者たちの助言者として活躍していた学者たちは，その議論能力を磨こうと強力な議論法を探索した際，古代ギリシャ由来の科学知と関わりのある学者たちが見いだしたのが論証という議論形態だった。彼らが論証を駆使して助言者として成功を収めることで，宮廷において論証が強力な議論法として注目を集め，プトレマイオスやエウクレイデス，ガレノス，アリストテレスの著作といった論証科学に関する著作群への関心が政治権力者たちも含めた宮廷関係者たちの間で共有されるようになった。その結果，アッバース朝宮廷は，数学諸学をはじめとした論証科学研究の受け皿となり，数学諸学を中心に論証科学の研究が活発化していった。いわば異文化だった古代ギリシャ由来の科学や数学のイスラーム文化圏における存在意義は，その論証性だったといえる。

ここで注意すべきは，アッバース朝宮廷において論証という議論法のモデルとして論証科学への関心が高まったため，宮廷人たちは，その手本となるギリシャ語科学書の論述それ自身を学ぼうとしたことである。それゆえ，彼らはギリシャ語科学書群の成果の要約では飽き足らず，その本文の翻訳を望んだのだった。実際，宮廷人たちが各々ギリシャ語科学書のアラビア語訳を手に入れようとした結果，著名な作品の場合，複数の翻訳が編まれるという事態が生じた。例えばエウクレイデス『原論』アラビア語訳に関しては，イブン・ナディーム（990没）の『目録』が参考になる。

3 『原論』翻訳から見るアラビア語翻訳活動

バグダードで活躍したイブン・ナディームは，その著書『目録』において，当時流通していた書物のタイトルと著者名を多数記録し，ときにはその内容紹介や抜粋を収録したことで知られている。『目録』はアラビア語の書籍に関するカタログとしては最初期のものなので，バグダードで10世紀頃どのような書物が存在していたのかを知るうえで貴重な資料として現在用いられている。

『目録』第7巻第2章は数学諸学に関する書物や著者を紹介する章で，その最初の項目がエウクレイデスに関するものだった。そこにおいて，イブン・ナディームは，『原論』アラビア語訳について，以下のように報告している。

> ハッジャージュはそれ〔=『原論』〕を二度翻訳し，そのうちのひとつはハールーニー〔=アッバース朝5代目カリフのハールーン（在位786～809）への翻訳〕で知られ—すなわち第一〔翻訳〕—，二番目の翻訳—すなわち第二
>
> ＊アラビア語テクストでは「第二」ではなく「マームーニー（al-ma'mūnī）」となっているが，「第二（al-thānī）」と読み直す。
>
> 〔翻訳〕—はマームーニー〔=7代目カリフのマームーンへの翻訳〕で知られ，それ〔第二翻訳〕はその〔第一翻訳〕に依拠している。イスハーク・イブン・フナインはそれ〔=『原論』〕を翻訳し，サービト・イブン・クッラが修正した。アブー・ウスマーン・ディマシュキーはその〔=『原論』〕うちいくつかの巻を訳した。私〔=イブン・ナディーム〕は，その第10巻をモースルにあるアリー・イブン・アフマド・イムラーニーの書庫で見た。我々の時代では，彼〔=アリー・イブン・ア

フマド・イムラーニー〕のグラームの一人であるアブー・サクル・カビースィーが，彼の前で『アルマゲスト』を読み上げた。

＊本報告の最後のイムラーニーとそのグラームであるカビースィーについては，本書第8章で詳述したい。

この報告で『原論』に関してハッジャージュ（8世紀後半頃活躍），イスハーク・イブン・フナイン（910没），アブー・ウスマーン・ディマシュキー（914以降没）の三名が翻訳者として取り上げられているように，『原論』はさまざまな翻訳依頼主とさまざまな翻訳者を得て，数十年にわたって何度も翻訳され続けたことがわかる。

まずイブン・ナディームの報告の冒頭で，ハッジャージュがハールーンとマームーンという二人のカリフのために『原論』を翻訳したと記録されていることに注目しよう。やはり『原論』のような論証科学にとって最重要なテクストの場合，複数の宮廷関係者が各々その翻訳を求めたのだった。他方で，ハッジャージュが二度も翻訳に関わったことから，アッバース朝においてギリシャ語文献を翻訳できる人材は限られており，翻訳能力のある学者に依頼が集まったことも知ることができる。実際，ハッジャージュは『アルマゲスト』を翻訳したことでも知られており，当時，数学諸学の翻訳者として著名で，複数の翻訳依頼を受け取っていた。

この報告で触れられている翻訳者の中で，アブー・ウスマーン・ディマシュキーの例も興味深い。彼は医学者として活躍し，アッバース朝の政治高官アリー・イブン・イーサー・イブン・ジャッラーフ（859～946）の寵愛を受け，バグダードの病院長に指名されたと伝えられている。他方，イブン・ナディームは別の箇所でディマシュキーをアラビア語翻訳家リストにも含むほどディマシュキーは翻訳家としても有名で，イブン・ナディームは『目録』のアリストテレスの項目においてディマシュキーの名前をアリストテレスの諸著作のアラビア語翻訳者として数多く挙げている。

医学者ディマシュキーが『原論』や哲学書を翻訳していたということから，翻訳能力があれば自分の専門以外の分野の書物の翻訳に参入し著名になる者がいたことが分かる。マームーン期以降，数学諸学を中心とした論証科学への関心が高く，関連するギリシャ語文献の翻訳への要望が宮廷人たちの間で高まる一方で，翻訳技術を獲得することはなかなか難しいため，一握りの人材でその要望に応えていたともいえる。

当時，翻訳の供給に多大なる貢献をしたのが，ハッジャージュに続いてイブン・ナディームが言及しているイスハーク・イブン・フナインだった。彼は，フナイン・イブン・イスハーク（809～873）の息子で，父フナインはガレノスの医学書の翻訳に数多くかかわる一方，息子イスハークは，数学諸学に関する作品群やアリストテレスの諸著作の翻訳で知られている。フナインは息子イスハークや親戚フバイシュなどとともにギリシャ科学・哲学書のアラビア語翻訳グループを結成し，幅広い翻訳依頼に応えた。このような翻訳一家が形成されたことが示すように，マームーン期以降のギリシャ語論証科学書の翻訳需要は高く，翻訳が生業として成り立つほど翻訳能力は貴重だった。

以上，イブン・ナディームの『原論』翻訳に関する報告を手掛かりに，マームーン期を中心としたギリシャ語文献の翻訳状況を見ることで，当時，論証科学書の翻訳活動が活発化していたことが分かった。宮廷における論証という議論形態への関心が論証科学自身への関心へと拡張され，その論述スタイルを受容するために，ひとつの重要な著作に対して複数の翻訳を生むほどの膨大なリソースが翻訳に投入されることで，短期間のうちに大量の翻訳が生産された。驚くべきことに，イスハーク・

イブン・フナインが活躍する頃には主要なギリシャ語論証科学書の翻訳は完了し，それ以降，イスラーム文化圏では，アラビア語だけで古代ギリシャ由来の科学・数学研究が可能となったほどだった。

他方で，イブン・ナディームの報告から，イスラーム文化圏ではギリシャ語翻訳技術を獲得すること自体難しいため翻訳の担い手は限られており，特定の学者に翻訳依頼が殺到していたことも分かった。むしろ翻訳への需要が高まったことを契機に，翻訳技術を持つ者たちがギリシャ語論証科学書翻訳に参入し，宮廷での論証科学の研究者のすそ野が広がったと考えるべきかもしれない。

ここで興味深いのが，イブン・ナディームがイスハーク『原論』訳の修正者としてサービト・イブン・クッラ（901没）に言及していることである。サービトはイスハークの活躍していた当時，古代ギリシャ由来の数学諸学の権威として知られており，数学や天文学，医学，哲学に関して数多くの著作を残した。他方で，彼は『原論』のみならずイスハークの『アルマゲスト』翻訳も修正したと記録されており，数学諸学に関するギリシャ語科学文献の翻訳の修正をいくつか手がけていた。

サービト修正版イスハーク訳『原論』と『アルマゲスト』は複数の写本で現存しているが，サービト自身どのような修正をしたのかを明記しないため，彼の修正作業の内実はよくわかっていない。ただし当時サービトは数学諸学の権威だったので，イスハークがギリシャ語本文からアラビア語の下訳をつくり，サービトは監訳者のような形で本文の手直しに関わったのかもしれない。

実はサービト自身，その言語能力を買われて，バヌー・ムーサー三兄弟（ムハンマド（873没），アフマド，ハサン）の長兄ムハンマドによってバグダードに連れてこられ，数学諸学に関するギリシャ語文献を翻訳する際の翻訳助手のような役割を担っていたことで知られている。バヌー・

ムーサー三兄弟はキンディーと同じくマームーン宮廷で活躍した宮廷学者で，論証科学の権威として知られていた。彼らは，本書第３章で紹介したアルキメデスの球の大きさの決定法を紹介するなど，特に数学諸学に関する知識で他を圧倒していた。

いわばサービトの数学諸学とのかかわりの出発点にギリシャ語科学書の翻訳があり，バヌー・ムーサー三兄弟の助手としての経験を糧に，論証科学の担い手として宮廷で名を成したといえる。ではなぜバヌー・ムーサー三兄弟はサービトという翻訳助手を必要としたのだろうか。そこで次章で，バヌー・ムーサー三兄弟とサービトとの関係を見ることで，マームーン期以降の論証科学の担い手の広がりを考え，ひいてはイスラーム文化圏での科学研究活動の特徴について考えたい。

学習課題

○アッバース朝宮廷において論証科学が必要となった背景について，考えてみよう。

○マームーン期以降，『原論』に対してなぜ複数のアラビア語訳が編まれたのか，考えてみよう。

参考文献

ディミトリ・グタス『ギリシア思想とアラビア文化－初期アッバース朝の翻訳運動』（勁草書房，2002 年）

三村太郎「イスラーム科学とギリシア文明」（『岩波講座 世界歴史 第 8 巻　西アジアとヨーロッパの形成　8～10 世紀』，岩波書店，2022 年）

Peter Adamson, *Al-Kindī*（Oxford University Press, 2007）

Bayard Dodge, *The Fihrist of al-Nadīm: a Tenth-Century Survey of Muslim Culture*（Columbia University Press, 1970）

8　イスラーム文化圏での科学と数学における新たな展開—権威を乗り越える論証科学の担い手たち

《目標＆ポイント》 マームーン期以降，論証科学の担い手たちのすそ野が広がることで，アッバース朝は論証科学の受け皿となり，科学研究の最先端を担うことになった。そこで彼らがどのように論証科学書を読み解いていたのかを見ることで，イスラーム文化圏での科学・数学研究とはどのようなものだったのかを考えたい。
《キーワード》 バヌー・ムーサー三兄弟，サービト・イブン・クッラ，アブー・バクル・ラーズィー，イブン・ハイサム

1　バヌー・ムーサー三兄弟と『円錐曲線論』

前章の最後で，マームーン宮廷にはキンディーとバヌー・ムーサー三兄弟が論証科学の権威として参与していたことを指摘した。興味深いことに，宮廷内で論証科学自体への注目が高まるにつれて，バヌー・ムーサー三兄弟やキンディーといった論証科学の知識で助言者としての立場を確固たるものにした学者たちは，新たなギリシャ語科学書を入手して知識量を増やし，論証科学の権威としての地位を維持しようとした。そのため彼らは，ギリシャ語読解能力を持つ翻訳助手を抱えることで新たなギリシャ科学書のアラビア語訳作成に乗り出したのだった。

実際，キンディーはギリシャ語の読めるキリスト教徒たちにギリシャ語文献の下訳を作らせ，それを修正し翻訳を完成させた。他方，バヌー・ムーサー三兄弟は，前章の最後でふれた高い言語能力を持つサービト・イブン・クッラをハッラーン（現在のトルコに位置する古代都市）の地で

見出し，バグダードに連れて帰り，自身の邸宅で教育をほどこして一家の助手として養育した。その結果，彼らはサービトの助けを借りて翻訳などを進めて自らの数学諸学に関する知識を増大させた。

バヌー・ムーサー三兄弟が残したアラビア語訳として唯一現存しているのが本書第4章で紹介したアポロニオスの主著『円錐曲線論』のアラビア語訳である。このアラビア語訳には彼らが書いた序文がついており，翻訳までの経緯が詳細に説明されている。

その序文によると，バヌー・ムーサー三兄弟は数学における最高峰の理論として円錐曲線論に興味を持ち，それを集大成したアポロニオス『円錐曲線論』が存在することを知ったため，『円錐曲線論』の獲得と翻訳を目指したという。まず彼らは全8巻のうち第1巻から第7巻までを手に入れ，翻訳し理解しようとした。しかし残念ながら入手した写本には誤りが多く含まれており，そもそも内容自体が理解困難だったため翻訳できなかった。そこで三兄弟の一人アフマドがシリア地方にまで足をのばす機会があったので，よりよい写本を当地で探索した結果，エウトキオス（6世紀ごろ活躍）によって編集された第1巻から第4巻までを収録したギリシャ語写本を手に入れた。そのため，アフマドは当地で本書の読解を開始し，まず第1巻から第4巻に着手した。その後，彼はバグダードに帰ってから残りの巻の読解を手がけ，第1巻から第4巻までを理解した経験に基づいて，残りの第5巻から第7巻も，手元の写本に誤りが多く含まれているとはいえ，理解することに成功した。さらに，彼は，そのアラビア語版に，読者の便宜を図って，アポロニオスもエウトキオスもなしえなかったようなその理解を容易にする有用な事柄を付け加えたという。すなわち，各証明に必要な前提命題を調べ，その前提命題の個所を明示したのだった。そして，序文の最後には，アフマドの監督の下で第1巻から第4巻はヒラール・イブン・アビー・ヒラール・ヒムシーがその翻訳を担当し，第５巻から第７巻はサービト・イブン・クッラが担当したと書き残している。

この序文から，アフマドたちは『円錐曲線論』アラビア語訳を完成させるため，ギリシャ語原文入手と内容分析で相当な苦労をしたことが分かる。その苦労を惜しまないほど，彼らは新たな論証科学に関する知識を求めていたのだった。彼らの翻訳活動は，宮廷内で論証科学自身の価値が高まり，その権威として生き残ることが可能になったため，新たな作品の入手と読解，翻訳に取り組む学者が登場したことを裏付ける。

そこで序文に記された翻訳過程を見てみると，アラビア語版『円錐曲線論』は，翻訳助手であるヒラールとサービトに下訳を作らせながらアフマド自身の『円錐曲線論』読解に基づいて編まれたものであることが分かる。いくらギリシャ語テクストを読むことができたとしても，『円錐曲線論』の内容が数学的に高度だったため，数学面での読解能力が伴わないと，その内容を理解することは難しかったことは容易に想像できる。数学書の読解経験を積んだアフマドだからこそ，その内容を理解し翻訳を完遂できたといえる。

さらに，この序文から分かるのは，アフマドが本アラビア語版を編む際に，アポロニオス『円錐曲線論』原文にはなかった要素を付け加えたということである。たしかに本アラビア語版には，序文に続いて「本書の理解を容易にする諸命題」という関連する基礎命題集が追加され，本文中でも第１巻の定義に続いて「諸前提命題集」という章が追加されている。また序文で言及されているように，多くの命題において，参照すべき命題番号が追記されている。すでに本書のいくつかの箇所で述べたとおり，アポロニオス自身は命題番号を付すことはなかった。アフマドの所持した写本には命題番号がついていたかどうかは判断できないが，少なくとも彼が命題番号を利用して別命題で参照されている際には巻数と番号で注記することで命題間の相互参照を明らかにしようと努力したのは確かである。

この追加内容から分かるように，アフマドが『円錐曲線論』をまず読解し，助手とともに翻訳を仕上げる過程で本文理解に役に立つと感じた情報を追加することで読者の便宜を図ったのだった。ではなぜ読者の便宜を図ったのかというと，アラビア語版『円錐曲線論』を完成させることでバヌー・ムーサー三兄弟は円錐曲線論というヘレニズム世界で最高峰の数学理論を熟知していることを周りの学者たちに誇示し，翻訳を提供してその難解な理論を周りに啓蒙することで，円錐曲線論という新理論の権威として君臨しようとしたからだと考えられる。

『円錐曲線論』アラビア語訳が示すように，マームーン宮廷における論証科学の担い手たちは，自らの科学知における先取性を示すために最新理論を身につけ，その内容を周りに啓蒙する道具としてアラビア語訳を用いていた。そのため宮廷で論証科学の担い手としてすでに名を成していた学者たちが論証科学の権威の座を巡って競争する中，自身の論証科学の知識を増やそうと，見込みのある若者を助手として従えて各々チームを組んでギリシャ語科学書のアラビア語訳の作成に取り組んだことで，大量のギリシャ語科学書のアラビア語訳が短期間で生産されたのだった。この動きはキンディーやバヌー・ムーサー三兄弟だけにとどまらず，宮廷全体に波及した結果，前章でふれたように，イスハーク・イブン・フナインが活躍する頃には主要なギリシャ語論証科学文献はアラビア語に翻訳されつくされた。

その一方で，バヌー・ムーサー三兄弟のように，宮廷での地位と資金力を得た宮廷人たちが論証科学研究を増進させるために新たな人材を養成しようとしたことで，論証科学研究の担い手の裾野が広がったのも特筆すべきだろう。実際，サービトはバヌー・ムーサー三兄弟によってバグダードへ連れてこられ，論証科学を含めた教育をほどこされた。いわば彼はバヌー・ムーサー三兄弟に初歩から教育を受けることで，論証科学の知識を手にいれたのは間違いない。

2　論証科学一家とグラーム

バヌー・ムーサー三兄弟にとってサービトのような存在は，当時グラームと呼ばれた。グラームとは，能力などを見込まれて，血縁のない一家に属して養育してもらっている若者のことで，奴隷身分の者も多くいた。身分上の違いがあることは多かったが，グラームはその一家の主人を養父者とする関係を持ち，その一家の一員と見なされ家業を補助する役割を担った。サービトは，論証科学研究というバヌー・ムーサー三兄弟の家業を手伝うために教育を施され，グラームとして翻訳活動を補助したのだった。

注目すべきは，サービトはバヌー・ムーサー三兄弟のグラームとして研鑽を積んだ結果，数学諸学の専門家として独り立ちしたことである。前章の最後で少しふれたように，彼は，後に数学諸学の権威として『比の合成』など数学諸学に関する自身の著作を編む一方で，イスハーク・イブン・フナイン訳『原論』や『アルマゲスト』を修正し完成させた。さらに，彼を始祖とするいわゆるサービー家はバグダードで古代ギリシャ由来の科学に関する名門として君臨し，何代にもわたってアッバース朝やブワイフ朝の宮廷に関与した。

宮廷学者としてのサービトの展開を振り返ると，彼がバヌー・ムーサー三兄弟と類似の道をたどったことに気づく。むしろ彼はバヌー・ムーサー三兄弟のグラームとして養育される過程で，彼らの生き方を踏襲し，論証科学を生業とする一家を自ら構えたと考えるべきだろう。やはりマームーン期以降，宮廷で論証科学の価値が認められることで，論証科学の担い手として宮廷で生き残る道が生じた結果，宮廷内で論証科学を生業とする一家が複数現れたのだった。

このようなサービトと論証科学との関わり方から，前章の最後でふれた問いである，サービトはいかにイスハークによる『原論』や『アルマゲスト』の翻訳を修正したのかが見えてくる。すなわちバヌー・ムーサー三兄弟の一人であるアフマドが『円錐曲線論』アラビア語版を編んだように，サービトは『原論』や『アルマゲスト』を読解しながら自身の理解に基づいてイスハークの『原論』や『アルマゲスト』の下訳を利用して読者に分かりやすい翻訳を仕上げたと考えられる。そうすることで，彼は周りの学者たちが理解できる『原論』と『アルマゲスト』のアラビア語版を提供し，『原論』と『アルマゲスト』という論証科学の基礎文献を自身が完全に理解していることを周りに見せつけ，その内容の啓蒙を目指したのではないか。だからこそ『円錐曲線論』アラビア語版がアフマドの作品だったように，イスハーク訳『原論』『アルマゲスト』サービト修正版はサービトの作品と考えるべきだろう。実際，バヌー・ムーサー三兄弟が独自の数学書を編んだように，サービトも翻訳にとどまらず独自の論証科学に関する作品を数多く編むことで，その豊富な知識を周りに披露し，その権威性を確固たるものにした。

また，マームーン期以降，バヌー・ムーサー三兄弟におけるサービトの例のように，著名な学者が論証科学の知識をグラームに授け，助手として養育することは見られた。例えば，イブン・ナディームの同時代人アリー・イブン・アフマド・イムラーニー（955/6没）を取り上げよう。イムラーニーは，前章でも引用したエウクレイデスから始まるイブン・ナディーム『目録』第7巻第2章（数学諸学に関する書物や著者を紹介する章）で，以下のように紹介されている。

> アリー・イブン・アフマド・アル＝イムラーニーはモースルの人で，書物の収集において他を圧倒しており，遠くの人々も彼の前で〔書物を〕読み上げようと彼を目指してやってきていた。

イブン・ナディームはイムラーニーと同時代かつ同郷だったため，『目録』の上記の情報は貴重である。イムラーニーは『目録』の数学諸学の担い手たちの章に含まれているので，彼がイブン・ナディームの頃に数学諸学の分野で代表的な人物だったのは間違いない。さらにこの報告から，彼が豊富な蔵書を誇り，その書物を読もうと人々が彼を訪れていたのは興味深い。

ここで，前章で引用したイブン・ナディームの『原論』アラビア語訳に関する報告の最後に，ディマシュキーの『原論』アラビア語訳について以下のようなイムラーニーにまつわるイブン・ナディーム自身の経験が述べられていたことを思い出そう。

> 私〔＝イブン・ナディーム〕は，その第10巻をモースルにあるアリー・イブン・アフマド・イムラーニーの書庫で見た。我々の時代では，彼〔＝イムラーニー〕のグラームの一人であるアブー・サクル・カビースィーが，彼の前で『アルマゲスト』を読み上げた。

この記録から，イブン・ナディームが実際にイムラーニーの書庫を訪れて，その書物を参照していたことが分かる。それほどイムラーニーの蔵書は数学諸学に関するリソースとして当時の人々を引きつけていたのだった。

さらにこの箇所で，イムラーニーがグラームを複数抱えていたことも示唆されており，その一人がカビースィーだったことも注目に値する。

カビースィーは，後にハムダーン朝（890〜1004）の宮廷占星術師となり，君主サイフ・ダウラ（916〜967）にいくつも天文学書や占星術書を捧げたことで知られている。とりわけ彼の『占星術入門』はプトレマイオス『テトラビブロス』に基づく占星術の入門書としてイスラーム文化圏で普及し，ラテン語にも訳されてヨーロッパでも長く読まれた。このイブン・ナディームの記録は，イムラーニーが，後に論証科学の担い手として独り立ちするカビースィーをグラームとして抱え，彼の前でカビースィーに『アルマゲスト』を読み上げさせていたことを裏付ける。

『アルマゲスト』を主人の前でグラームに読み上げさせるという行為は，イムラーニーによるカビースィーに対する『アルマゲスト』を用いたプトレマイオス天文学教育だったことは明白である。当時，文献を生徒に読み上げさせて，生徒の理解が正しいかどうかを先生が点検することでその教育が進行した。それゆえ，イブン・ナディームの報告から，イムラーニーは『アルマゲスト』をカビースィーと一緒に講読することで，自身の論証科学に関する知識を駆使してカビースィーにプトレマイオス天文学を教え，彼を論証科学に関する自身のグラームとして養育したことが分かる。まさにバヌー・ムーサー三兄弟がサービトを教育し，サービトが論証科学の権威として独立したように，イムラーニーもカビースィーを論証科学の初歩から教育し，その教育と助手活動を経て，サービトのように，カビースィーも独り立ちし宮廷学者にまで登りつめたのだった。イムラーニーの例から，イブン・ナディームの頃も，論証科学で名を成した学者たちはグラームの獲得を行っており，その結果，論証科学の担い手の裾野が拡大し続けていたことが分かる。

ただし，イブン・ナディームの『目録』がイムラーニーを非アラビア語文献の翻訳者リストに含めていないように，イムラーニーはギリシャ語を読めたとは考えられない。それゆえ，イムラーニーとカビースィーはアラビア語訳の『アルマゲスト』を講読していたことは明らかだろう。彼らはアラビア語訳『アルマゲスト』を共に検討することで，生徒のカビースィーはプトレマイオス天文学を身につけたのだった。

逆に，すでに述べたように，大量のギリシャ語科学書の翻訳が短期間で完了した結果，イムラーニーの頃には，イスラーム文化圏において，アラビア語訳の検討で十分に古代ギリシャ由来の科学や数学を身につける環境が出来上がっていたともいえる。だからこそイムラーニーは『原論』アラビア語訳をはじめとした数多くの書物を収集し，グラームを複数抱え，自身の学知を拡大することで，数学諸学の権威として名を挙げたのだった。

さらにイムラーニーに関して上で引用した箇所でイブン・ナディームが「遠くの人々も彼〔＝イムラーニー〕の前で〔書物を〕読み上げようと彼を目指してやってきていた」と報告していることから，イムラーニーの名声と蔵書に人々は引き寄せられ，イムラーニーのもとで論証科学を学ぼうと遠方からも人々が彼を訪れていたことが分かる。来訪者たちにテクスト講読を通じて論証科学を教えることで，イムラーニーの論証科学者としての名声はますます高くなったのは想像に難くない。

やはりバヌー・ムーサー三兄弟が目指したように，マームーン期以降も，論証科学の担い手たちは，論証科学書の内容を身につけ，その理解力を周りに見せつけるため，グラームを養成して自身の知的活動の拡大を図る一方，知り合いの学者たちにもその内容を啓蒙することで論証科学の権威としての地位を確固たるものにしようとしたのだった。このような論証科学の担い手たちによる活動が進行することで，論証科学に関係する学者たちも増加し，イスラーム文化圏で論証科学研究はますます活発になっていった。

ただしイムラーニーの頃はバヌー・ムーサー三兄弟の頃と違ってアラ

ビア語のみで論証科学を学べるほど網羅的なギリシャ語科学文献のアラビア語訳が完了していたため，学者たちは新たなギリシャ語科学書をもたらして科学知の先取性で他者と差別化を図ることはなくなっていた。とはいえ，前章で指摘したように，そもそもイスラーム文化圏では論証的議論への需要から論証科学書が読まれるようになったので，学者たちはアラビア語訳で論証科学書を学ぶ際も，その論述の論理整合性に意識的だった。その結果，彼らはギリシャ語科学書群のアラビア語訳の精読を通じて論証的な議論を組み立てる方法を身につけた上で，『原論』などの主要な論証科学書の内容を論理整合性の側面から再検討し，論理不整合な個所を「疑問」として洗い出す作業を開始する。

例えば，アッバース朝の代表的な宮廷医であるアブー・バクル・ラーズィー（865～925）は，ガレノスの医学書のアラビア語訳の講読経験を踏まえてガレノスの著書群に含まれる疑問点を列挙した『ガレノスへの疑問』を書き残し，その序文で，当時のガレノス医学書アラビア語訳の講読状況を以下のように記録している。

> かつて私は，バグダードにおいて誉れ高くアリストテレスにより共感していた人物とガレノスの著作を読んでいた。彼はこういう〔あいまいな〕箇所に行きつくと，その〔ガレノスに〕より共感していることについて私への非難を強くした。そして多くの場合，こういう箇所についての私に対する彼〔バグダードの学者〕の議論の整合性の高さゆえ，しばしば私は困惑した。

この記録から，最初はガレノスに好意的だったラーズィーが他の学者とガレノスの著作を，論理整合的か否かを意識しながら読むことで，その論理不整合な箇所に気づくようになったことが分かる。それゆえ彼はガレノスの諸著作の論理不整合な箇所を疑問点として列挙する『ガレノスへの疑問』を著したのだった。

ラーズィーの体験談が示唆するように，アラビア語訳が整備された後も，イスラーム文化圏の論証科学の担い手たちは論証的な議論法を身につけるため，主要な論証科学書のアラビア語訳を，その論理整合性を点検しながら精密に読解していた。加えて，ラーズィー自身は疑問点を指摘するのみで終わったが，イスラーム文化圏の学者たちは疑問点を列挙するだけにとどまらず，それら疑問点の解消を目指し，論証科学の論理整合性を高める方向でその論証科学研究を推進していくことになる。例えば，『原論』に限ってもシジュジー（945頃～1020頃）『〔エウクレイデス『原論』第1巻〕第23命題における疑問の解消について』やイブン・イラーク（950頃～1036頃）『エウクレイデスの書の第13巻に現れる疑問の解消について』が知られているように，学者たちそれぞれが疑問点の解消に取り組んだ。

そこでギリシャ語科学書群のアラビア語訳が整備された後のイスラーム文化圏で，どのような形で疑問の解消が行われていたのかを見るために，イブン・ハイサム（965～1040頃）による『原論』への疑問の解消を取り上げよう。

3　イブン・ハイサムと『原論』

イブン・ハイサムはイスラーム文化圏を代表する数学諸学の担い手で，数学や天文学や視学などを中心に数多くの著作を残した。とりわけ彼の『視学』は画期的で，この書において彼は実験を豊富に駆使して，ヘレニズム世界で支配的だった「目から光線が出ることでものが見える」という説を否定し，「光がもので屈折して目に入ることでものが見える」という説を提唱し論証した。この『視学』はラテン語に訳され，ヨーロッパの光学研究の基盤を与えるほど大きな影響を与えた。

イブン・ハイサムは『原論』に関しても数多くの著作を編んでおり，その一つが『エウクレイデス『原論の書』への疑問群の解消とその諸概念の解説』である。タイトルに「疑問の解消」とあるように，彼はこの作品で『原論』における論理不整合とみられる点を列挙し，その不整合性の解消を目指す。

本作品には序文がついており，そこでイブン・ハイサムは，まず，命題内容（彼は「意味内容」と呼ぶ）に関して，その真実性が隠れてしまっていてすぐにはその性質が見えず，他の諸条件と混じってしまうと，疑問が優位になってしまうことに言及する。そのため，今も昔も人々は『原論』の命題内容や論証の流れに関して疑問を提出し続け，数学者たちはその疑問を解消し，その疑問の欠陥や疑問視された内容の真実性を明らかにする責を負ってきたという。そのような『原論』への疑問解消の書が今も昔も編まれてきたが，『原論』への疑問とその解消を包括的に扱うものはなかったので，彼はこの作品を書こうと決意し，今まで提出されてきた反対意見や疑問点に依拠してその疑問点を取りあげ，それぞれを論証で解消し，疑問や反論の出ない説明を行うことを目指したという。加えて，彼は，複数の場合分けがあるときはそれらを指摘し，エウクレイデスの方法以外のものを提案し，各命題の根拠となる先行する命題の指摘も行ったという。

序文を終えると，イブン・ハイサムは，まず定義・要請・共通概念を取り上げる。その後，彼は各巻ごとに命題を一つ一つ紹介しつつ，疑問点の指摘とその解消を行う。

例えば『原論』第１巻第１命題「与えられた有限直線の上に等辺三角形〔正三角形〕を作図すること」を見てみよう。エウクレイデスは本命題に関して（図８－１を参照），有限直線を AB とし，半径を AB とし中

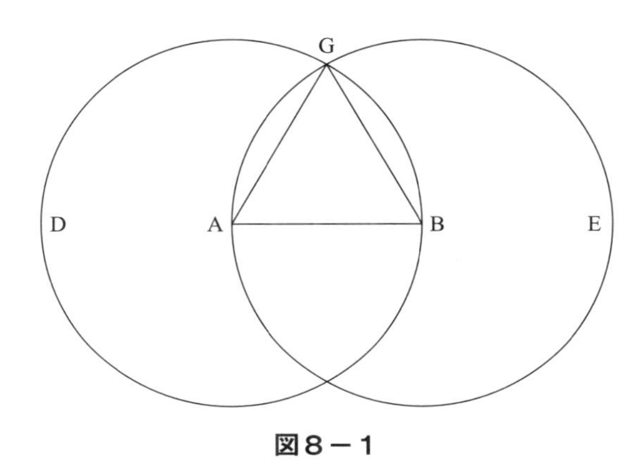

図８－１

心を A とする円 BGD と，半径を AB とし中心を B とする円 AGE を描くことで，正三角形 ABG を描くやり方を提示し，その正しさを論証する。

この命題に対して，イブン・ハイサムは，以下のように始める。

> 第１巻第１命題
> エウクレイデス曰く,「我々は，端のある仮定された直線の上に等辺三角形〔正三角形〕を作図したい。」
> この命題には数多くの疑問が投げかけられてきた。そのひとつは，〔以下のように〕述べられる。
>
> エウクレイデスはこの議論を普遍的なものとして構築したので，彼はその〔議論〕において，いかにしてあらゆる直線上に等辺三角形を作図するのかを望んでいる。そのため，もしも仮定された直線が世界の直径ならば，どうすればその上に等辺三角形が作図できるというのか。エウクレイデスの述べる作図は線の両端を中心にしてもうひとつの端の距離を半径として円が描かれることで

しか完了しない。その二つの円は世界よりも広い場所を必要とする。なぜなら直線がその二つの円周の端までその両方向に延ばされるならば，それは仮定された直線の三倍の大きさになるため，世界の直径上に等辺三角形が作図されるならば，それは世界の直径の三倍の幅の平面を必要とするからである。哲学者たちにおいて，世界の外に場所はなく真空は存在しない。それゆえ世界の直径上に等辺三角形の作図は完了しない。

そこで我々はこの疑問に答えて言う。

数学的な量は場所を必要としない。場所を必要とするのは自然的物体のみである。自然的物体以外について言えば，場所を必要としない。エウクレイデスの言及している三角形は数学的直線に囲まれた数学的平面でしかないので，それは想像上の平面であり想像上の直線である。想像上の量は場所を必要としないので，自然的存在として真空が世界の外に存在することはないとはいえ，想像において，想像の求めるところに従って幅を持つ真空が世界の外に存在すると想像することは可能である。世界の外に想像が望む限りの幅を持つ真空が想像可能ならば，世界の直径上に等辺三角形を作図することは可能である。

このように彼は，まず第 1 命題を引用し最初の疑問の提示と解消を行う。その後も彼は第 1 命題に関する他の疑問をいくつか挙げながら，その都度，疑問の解消を行っていく。

この引用箇所でエウクレイデスの作図法の現実世界での実現可能性に疑問が持たれているように，自然学的な立場からも数学命題の論理整合性が検討されていたのは興味深い。やはりイスラーム文化圏では異なるバックグラウンドを持つ論証科学の担い手たちによって論理整合性の観点から論証科学書が講読され続けていたからこそ，論理整合的か否かを基準としてさまざまな角度から疑問が提出されていたことが分かる。その結果，イブン・ハイサムが本作品で収集したくらいの数多くの『原論』に対する疑問点が提出されたともいえる。

さらに本作品では，ある命題で疑問が存在しない場合，疑問点はないと彼は明言し，そのうえで，序文で述べていたように命題の理解を助けるような説明を加える。具体的には，彼は命題の別論証を提案し，さまざまな場合分けを提示し，根拠となる先行命題の番号を注記する。

さてイブン・ハイサムが本作品で引用している『原論』の命題は，サービト修正版イスハーク訳『原論』とほぼ同じなので，彼はサービト版を読みながら，さまざまな学者たちの提出していた疑問群を記録し，論証的な議論を駆使してその解消を提案したのは明白だろう。ただし彼はエウクレイデスの命題のみを引用しその論証は省略しているので，本作品の読者は『原論』アラビア語訳（おそらくサービト版）を手元に置いていることが前提とされていたのは疑い得ない。

『エウクレイデス『原論の書』への疑問群の解消とその諸概念の解説』でのイブン・ハイサムによる『原論』読解と解説の仕方をふまえると，イムラーニーなどが行っていた論証科学書の講読で，論証科学の担い手たちが当時ギリシャ語論証科学書のアラビア語訳をどのように読解し教育していたのかが見えてくる。彼らは主要なギリシャ語論証科学書のアラビア語訳を手にして，その本文の論理整合性を意識しながら読解し，論理不整合な点を見つけるとそれを取り上げ，できる限り論理的にその疑問点の解消を行っていたのではないか。さらにその過程で命題群の仕組みも分析し，その内容の拡張や命題間の論理的な相互関係の確認を行っていたと考えられる。

このような論証科学の習得経験を経て，疑問の指摘と解消という行為がイスラーム文化圏での論証科学研究の主要なスタイルとなった。そもそもアッバース朝において論証への関心からエウクレイデスなどの書いたギリシャ語科学書が読まれるようになったため，学者たちはそれらの著名な科学書群を絶対的な権威として受け入れることなく，より論理的な議論を目指して批判的に読解し，疑問点を見つけそれを解消しようとした。そのため疑問の集積はイスラーム文化圏において貴重な論証科学研究の資源となり，論証科学の担い手たちは疑問群を代々継承し，その解消を長期間にわたって目指した。その結果，彼らはヘレニズム世界の論証科学の権威たちを乗り越えて独自の論証科学の形成を目指すようになったといえる。もちろん当時，論証科学の根幹を支えたのは数学諸学だったので，すでに本書第 7〜8 章で述べてきたように，イスラーム文化圏では数学諸学に関する独自の研究が盛んとなっていった。まさに数学をはじめとする科学研究の中心がギリシャ語圏からイスラーム文化圏に移ったのだった。

実はイスラーム文化圏での論証科学研究の成果の一部が 12 世紀頃スペインを拠点にラテン語訳されることによって，ヨーロッパで古代ギリシャ由来の科学や数学の重要性が再発見されることになった。このいわゆる「12 世紀ルネサンス」を契機にヨーロッパでの科学活動は活発化することになる。そこで次章において，ヨーロッパがいかにして古代ギリシャ由来の科学と数学を再発見したのかを見てみたい。

学習課題

○グラームを養成することでいかにして論証科学の担い手たちが増えていったのか，考えてみよう。
○イスラーム文化圏での論証科学書への疑問を蓄積がなぜ科学・数学研究にとって重要だったのか，考えてみよう。

参考文献

Ｊ．Ｌバーグレン『中世イスラーム数学史―エピソードでたどるアラビア数学』（丸善出版，2023 年）
Taro Mimura, “*Ghulāms* (Slave Boys) and Scientific Research in the Abbasid Period: Example of the Amājūr Family” (*Historia Scientiarum*, 2020)
A. I. Sabra, “Configuring the Universe: Aporetic, Problem Solving, and Kinematic Modeling as Themes of Arabic Astronomy” (*Perspectives on Science*, 1998)

9　12世紀ルネサンス期ヨーロッパにおける科学と数学

《目標&ポイント》 ヨーロッパにおいてラテン語での聖職者養成を行う必要性に迫られ，その教育に必要とされた自由学芸のラテン語化が進行し，その一部だった数学四科もラテン語で教育を行うことになった。その結果，アラビア語で書かれた数学諸学を含めた論証科学書がラテン語に翻訳され，それを契機としてヨーロッパに古代ギリシャ由来の科学と数学がもたらされた。そこでこのいわゆる12世紀ルネサンス期に，どのようなかたちで数学諸学を中心とした論証科学が伝来したのかを考えたい。
《キーワード》 自由学芸と数学四科，バースのアデラード，アラビアの学問，クレモナのゲラルド

1　西方教会と自由学芸

本書第4章でふれたように，紀元前1世紀以降，ローマ帝国は世界の広大な範囲を支配し，ヘレニズム世界もその統治下となった。ただし古代ギリシャ以来の科学知に関しては，ラテン語が公用語だったローマ帝国においてもギリシャ語で研究や教育が継続した。実際，本書第5章で述べたように，ガレノスやプトレマイオスはローマ帝国の主要都市においてギリシャ語で著作を残し，テオンはギリシャ語で教育を行っていた。やはり科学はギリシャ語の学問だったといえる。

広範囲を支配したローマ帝国は，313年にキリスト教を国教とした後，東西で分担して統治する体制をとるようになった。しかし西側のローマ帝国領域は様々な勢力からの侵攻などによって大いに混乱し，統一的な

統治が困難になってしまった。その結果，ローマ帝国の中心は東側に移動し，ギリシャ語圏の性格を強めつつも，東側（いわゆる東ローマ帝国）がローマ帝国の伝統を保ち続けた。

一方，混乱期を経て分割統治されるようになった西側のローマ帝国領域（以下，ヨーロッパと呼ぶ）において，次第に自らが本当のローマ帝国の伝統を受け継ぐ者たちだというアイデンティティーを持つ人々が登場した。その結果，ヨーロッパの人々は，ローマ帝国の直系の支配体であるはずの東ローマ帝国に「ギリシャ語圏の偽物のローマ帝国」という差別的なイメージを押し付け，西側のローマ帝国こそが真のローマ帝国だとしてラテン語での領域の再統一を図ることになる。このようなヨーロッパの動きを受けて，東側と西側のローマ帝国領域は疎遠となった結果，元来ギリシャ語の宗教であるキリスト教を担う教会も東方と西方で交流がなくなり，1054年には西方教会と東方教会は正式に分裂した。

以上の経緯から，西方教会は教会組織運営をラテン語で行う必要に迫られた。特に，教会運営に関わる聖職者をラテン語で養成するために，その教育システムのラテン語化を急速に進めることになったのは注目すべきである。

当時，聖職者になるためには，自由学芸の教育を受けてから専門の神学を身につけることが求められた。自由学芸は三学（文法学，論理学，修辞学）と四科（幾何学，算術，天文学，音楽）からなり，専門知を身につける前の準備教育に相当する。

自由学芸という概念は，古代ギリシャの「自由市民への教育」（いわゆるパイデイア教育）に由来するとみられる。しかしパイデイア教育のカリキュラム内容はギリシャ語圏において固定化されることはなかったようで，むしろラテン語圏においてパイデイア教育の理念が受け継がれ，西方教会と東方教会が分裂する頃には，ラテン語圏で七つの科目による自由学芸が定着したと考えられる。

自由学芸のうち，数学諸学に関する「四科」(quadrivium) というラテン語の用語は，知られている限りボエティウス (480～526 没か)『算術教程』で最初に登場した。ローマ貴族の家系を持つボエティウスは東ゴート王国に仕えた政治家で，哲学対話編『哲学の慰め』でよく知られている。彼は数学四科 (幾何学，算術，天文学，音楽) を哲学の準備として重要視し，四科それぞれに対する教科書を書こうとしたと伝えられている。実際，彼の『算術教程』と『音楽教程』は算術と音楽の教科書としてラテン語圏で長きにわたって読まれ続けた。

ただしボエティウス以降，すぐにラテン語での数学諸学の教育と研究が盛んになったとは考えられない。実際，本書第 8 章でふれたアポロニオス『円錐曲線論』第 1～4 巻のギリシャ語テクストの編集をしたエウトキオスはボエティウスの同時代人だったことからも明らかなように，数学諸学に関してはラテン語での著述はほとんど生み出されず，ギリシャ語での研究と教育が主流だった。加えて本書第 5 章で述べたように，ギリシャ語圏での科学研究自体それほど目立たなくなってしまい，イスラーム文化圏にその研究拠点が移っていった。

しかし西方教会と東方教会が分裂する頃には，西方教会周辺で，その状況の変化がみられた。すでに述べたように聖職者養成機関を自前で運営する必要性から，1100 年頃には司教座聖堂学校が建てられ，入門としての自由学芸と専門としての神学が教育されるようになった。司教座聖堂学校は都市部で人気を博し，聖職者を目指さないが自由学芸を学びたい生徒たちを受け入れるほどだった。

司教座聖堂学校で神学はもちろん自由学芸もラテン語で教えられる必要があった。自由学芸のうち三学 (文法学，論理学，修辞学) に関しては初期の頃からラテン語関連著作が存在したため問題はなかった。一方，数学諸学の教育と研究はラテン語で体系的に行われてこなかったため，数学四科についてラテン語で教科書となるようなものはほとんど存在しなかった。

興味深いことに，ラテン語の数学関連書不足を埋めるかのように，1100年頃から自由学芸の振興と並行して，数学諸学に関連するアラビア語作品群がラテン語に大量に翻訳されるようになった。その最初期の翻訳を担ったのが，バースのアデラード（1080頃～1150頃）だった。

2　バースのアデラードと「アラビアの学問」

バースのアデラードはイングランド・バース出身で，数学諸学に関するアラビア語作品のラテン語訳と，その知識をもとに独自の著作を編んだことで知られている。彼の教育歴は判然としないが，自由学芸を意識して学術活動を行っていたのは確かである。実際，ボエティウス『哲学の慰み』をモデルに書かれた彼の初期の作品と考えられる哲学入門を勧める対話編『同と異について』では，哲学のために必要な学問として自由学芸を取り上げ，七科目それぞれに関してかなり詳細な内容紹介を行っている。

アデラードは独自の著作活動を行う一方，アラビア語で書かれた数学関連書籍のラテン語翻訳に取り組むようになる。彼がラテン語に翻訳したアラビア語作品としては，エウクレイデス『原論』アラビア語訳や，フワーリズミー『インド数字について』と『ズィージュ』，アッバース朝の宮廷占星術師アブー・マアシャル（787～886）『占星術小入門』が知られている。

この翻訳内容が示す通り，アデラードは数学の基礎をなす『原論』とともに，インド式計算法やズィージュ，占星術といったイスラーム文化圏で主流となり発展した学問も翻訳対象にした。ラテン語圏で自由学芸の興隆によって数学諸学の知識が求められている状況を踏まえ，彼がアラビア語での数学諸学に関する作品をラテン語で紹介しようとした結果，古代ギリシャ由来の数学諸学の枠を超えてイスラーム文化圏で発展した分野も伝えたのは注目すべきだろう。いわば彼は，イスラーム文化圏で数学諸学を中心に育まれた論証科学研究（彼の言う「アラビアの学問」）を重視し，それの紹介に努めたことになる。

さらにアデラードがその知識を認められてイングランドで宮廷学者の地位を得たことから，当時「アラビアの学問」がヨーロッパで求められていたのも明らかだろう。実際，彼がアラビアの学問の知識を自身の強力な武器だと認識していたことは，イングランドに戻ってから彼が書いた対話編『自然の諸問題』から知ることができる。

『自然の諸問題』はアデラードと甥との対話で構成されている。その冒頭で，アデラードは，久しぶりにイングランドに帰ってきて，イングランドが宗教的に荒廃していることに気づいたので，彼が身につけた「アラビアの学問」を駆使して神がいかにこの世界を合理的に設計したのかを示し，イングランドの人々のキリスト教への信仰心を取り戻したいと述べている。そこで彼が行うのは，「なぜ風は冷たいのか」といった自然現象に関する問いに対して，アリストテレス自然学などの知識を駆使してその理由を説明することで世界の合理的な仕組みを明らかにし，その合理性の背後に創造主である神による世界のデザインを示唆することで神の存在証明を行うというものだった。

アデラードの答える内容自体はイスラーム文化圏で発展した知識を用いたものではなくアリストテレス自然学の枠内を越えることはない。とはいえ当時アリストテレス自然学がラテン語圏に十分に紹介されていなかったため，その知識自体イングランドにおいて目新しかったかもしれない。しかしそもそも合理的な世界構造と全知全能の唯一神による創造とを結びつける議論（いわゆる「神による世界のデザイン説」）が本書第 7 章で述べたイスラーム文化圏での科学知に由来するものなので，この「神による世界のデザイン説」という枠組み自身がアラビアの学問の成果だとアデラードは考えていたのは確かである。

自由学芸における数学諸学の知識の拡充を図ってアデラードのようにインド式計算法やズィージュなどのアラビアの学問における新たな展開もラテン語化される一方，司教座聖堂学校での自由学芸のカリキュラム自体にもアラビアの学問が影響を与えるようになる。例えば，フランス・シャルトルの司教座聖堂学校のトップを務めたシャルトルのティエリ（1100 頃～1150 頃）の残した『ヘプタテウコン』を見てみよう。

『ヘプタテウコン』は自由学芸の教科書群を収録するもので，当時どのような著作が教科書として想定されていたのかを知ることができる。この作品でシャルトルのティエリは数学四科に関してボエティウス『算術教程』『音楽教程』に加えて，アデラード訳『原論』とアデラード訳フワーリズミー『ズィージュ』を含めているのは興味深い。アデラードの業績が自由学芸の中心地ともいえるシャルトルの司教座聖堂学校にまで到達し，数学諸学をはじめとしたアラビアの学問の成果が自由学芸に含まれるようになったことが分かる。さらに，このような数学諸学におけるアラビアの学問の先取性がヨーロッパに知れ渡るのと並行して，スペイン・トレドでアラビア語数学関連書の翻訳が大量に行われたことは指摘すべきだろう。

3　トレドと 12 世紀ルネサンス

トレドを含むイベリア半島は 711 年以降，長きにわたってイスラーム支配下にあった。特にトレドはイスラーム文化圏の学術中心地のひとつとして栄え，イスラーム文化圏の他の諸都市と同様，論証科学研究が盛んだった。例えば，法学者サーイド・アンダルシー（1029～1070）は天文学研究のパトロンとなり，ザルカーリー（1100 没）を中心に既存のズィージュのアップデートが行われ『トレド表』が生み出された。

しかし 1085 年，レコンキスタ（再征服）運動によってトレドはヨーロッパに帰還し，他のヨーロッパ諸地域との交流が活発になった。その結果，自由学芸教育振興をきっかけとしてヨーロッパで高まっていたラテン語での数学諸学教育への関心に応えようと，トレドに残されたイスラーム支配下時代の論証科学研究の伝統を受け継ぐアラビア語数学関連書籍をラテン語に翻訳しようとする学者たちがトレドに集まった。その代表がクレモナのゲラルド（1114～1187）だった。

クレモナのゲラルドはイタリア・クレモナ生まれで，トレドにわたり，そこで 70 点以上のアラビア語科学書・哲学書のラテン語翻訳を行ったことで知られている。彼に関しては，おそらく死後すぐに弟子たちによってまとめられたと考えられる評伝と翻訳書目録が残されており，彼の業績の詳細を知ることができる。それによると，彼はプトレマイオス『アルマゲスト』に興味を持ったが，ラテン語では学ぶすべがなかったので，トレドに赴きアラビア語を学び，アラビア語を通じて『アルマゲスト』を学んだという。彼のこのアラビア語学習への動機からも，ヨーロッパにおいて数学諸学への関心が高まっていたのと同時にアラビアの学問がヨーロッパの人々に最先端の数学諸学を与えてくれるという認識が共有されており，トレドがそのアラビア語数学諸学研究の拠点になっていたことが分かる。

実際，先ほどふれたザルカーリーたちによって編まれた『トレド表』もゲラルドによってラテン語に翻訳されたことが知られている。現在『トレド表』のアラビア語原文は見つかっていないが，ゲラルドのラテン語訳は代表的な天文表としてヨーロッパで広く使用され，その後のヨーロッパでの天文表のモデルとなった。いわばトレドのイスラーム支配下時代の論証科学研究の遺産が真っ先にラテン語訳され，ヨーロッパの数学諸学研究の端緒を与えたのだった。

さらにゲラルドの翻訳は，トレド在住のアラビア語を母語とするキリスト教徒（いわゆるモサラベ）たちとの協力で行われたことが知られている。それゆえ彼の翻訳プロセス自体もイスラーム支配下時代のトレドでのアラビア語による科学研究の伝統を糧になされたともいえる。

そこでゲラルドがラテン語に翻訳したタイトルの一部を挙げるならば，以下のようになる。（本リストのギリシャ語著作はすべてそのアラビア語訳からラテン訳された。ギリシャ語著作のアラビア語に関しては，タイトル冒頭に【希】を付した。またこのリストに載っているものが現在すべて残っているわけではないことに注意いただきたい。）

弁証（＝論理学）

【希】アリストテレス『分析論後書』

ファーラービー（870頃〜950頃）『三段論法について』

幾何学

【希】エウクレイデス『原論』

＊サービト修正版を翻訳したと考えられる。

【希】アルキメデス『円の求積』

ナイリーズィー（9世紀後半活躍）『エウクレイデス『原論』注釈』

サービト・イブン・クッラ『扇型図形について』

＊メネラオスの定理に関する作品。

キンディー『視学』

フワーリズミー『ジャブルとムカーバラの要約書』

天文学

【希】プトレマイオス『アルマゲスト』

　＊サービト修正版を翻訳したと考えられる。

ファルガーニー（9世紀活躍）『〔プトレマイオス天文学〕要約』

サービト・イブン・クッラ『『アルマゲスト』用語解説』

哲学

【希】アリストテレス『自然学』

【希】アリストテレス『生成消滅論』

ファーラービー『アリストテレス『自然学』注釈』

医学

【希】ガレノス『元素について』

【希】ガレノス『単純薬について』

イブン・スィーナー（980〜1037）『医学典範』

以上のリストから，ゲラルドは数学四科に関わるスタンダードなギリシャ語科学書（プトレマイオス『アルマゲスト』など）のアラビア語訳をラテン語訳しながら，そのアラビア語での注釈（ナイリーズィー『エウクレイデス『原論』注釈』など）やアラビア語での独自の著作（サービト・イブン・クッラ『扇型図形について』など）も翻訳したことが分かる。加えて，バースのアデラードと同様，彼は自由学芸の数学四科にとどまらず，イスラーム文化圏で中心的に研究されたガレノス医学やアリストテレス哲学に関するギリシャ語書籍のアラビア語訳とアラビア語による解説書，さらにはフワーリズミーの代数学書も翻訳したのだった。それゆえ，彼の訳業は，自由学芸の数学四科を意識しつつ，イスラーム文化圏における論証科学を中心とした科学・哲学研究伝統の全体をひとまとめで伝えようとしたものだったことに気づく。

このゲラルドの翻訳活動を代表とした大量のギリシャ語科学・哲学文献のアラビア語訳のラテン語翻訳活動を契機に，古代ギリシャ由来の科学知の再発見がヨーロッパで行われたため，現在この時期は「12 世紀ルネサンス」と呼ばれている。たしかに当時，いわゆるルネサンス期にさきがけて，アラビア語訳を媒介としてギリシャ語科学・哲学書が初めてラテン語で本格的にヨーロッパにもたらされたのだった。

しかしバースのアデラードやクレモナのゲラルドの活動から分かるように，12 世紀ルネサンス期において古代ギリシャの学問の受容のみに焦点が当てられたわけではなかった。むしろヨーロッパでの自由学芸への関心の高まりを起点として数学四科に注目が集まったため，ラテン語に不足していた数学四科の知識を埋めるべく，当時の数学諸学研究の中心地だったイスラーム文化圏での成果がラテン語に翻訳されたというのが実情ではないか。その際，翻訳者たちはアラビアの学問（＝論証科学を中心とした科学・哲学研究）の先進性に意識的で，数学四科にとどまらず，イスラーム文化圏で育まれた科学・哲学研究全体をひとつのパッケージとして伝えようとした。

その結果，ヨーロッパでも，イスラーム文化圏と同様，エウクレイデスやプトレマイオス，アルキメデス，ガレノス，アリステレスの著作群が基礎文献となり，その内容をイスラーム文化圏の学者たちの解説で理解する体制が整ったのだった。加えて，ギリシャ語圏にはなかったインド式計算法や代数学，三角法も，論証科学とともにヨーロッパに伝来したのも注目すべきだろう。その際，ギリシャ語圏で重視されていたプラトンの著作がほとんど紹介されなかったのも，当時，数学諸学の受容がイスラーム文化圏の成果を通じて行われていたからに他ならない。

以上，12 世紀ルネサンスの当時，ヨーロッパでの自由学芸教育の成功に引き寄せられるかたちで，交流が密となった旧イスラーム文化圏に残された数学諸学をはじめとした科学・哲学研究の成果全体を一気に伝えようと，主要テクスト群が選択され急速にラテン語訳されたことが分かった。そのため，イスラーム文化圏で盛んに研究されていた論証科学研究を核とした諸分野全体が主要なテクストとともにヨーロッパにやってきたのだった。実際，数学四科に関係するものは言うまでもなく，占星術（プトレマイオス『テトラビブロス』など）や視学（エウクレイデス『オプティカ（視学)』など）も翻訳された。さらに本書第8章でふれたようなイスラーム文化圏におけるこれら諸分野の代表的な学者たちによるアラビア語著作群もひとまとめで翻訳され，長きにわたって読まれることになった。翻訳された代表的な学者名を並べるならば，占星術に関してはアブー・マアシャルとカビースィー，天文学や数学に関してはファルガーニーとサービト・イブン・クッラ，視学はイブン・ハイサム，医学に関してはアブー・バクル・ラーズィーとイブン・スィーナー，アリストテレス哲学に関してはファーラービーとイブン・ルシュド（1126～1198）が挙げられる。加えて，イスラーム文化圏で育まれたズィージュやインド式計算法，三角法，代数学もフワーリズミーのものなどが翻訳された。

さらに12世紀ルネサンス期において，主要な作品に対して複数のラテン語訳や編集版が編まれた事実も指摘すべきだろう。例えば，エウクレイデス『原論』について見れば，そのアラビア語訳のラテン語訳だけでも，バースのアデラード訳（いわゆるアデラードⅠ）やクレモナのゲラルド訳，カリンティアのヘルマン（1138～1143頃活躍）訳が存在した。加えて，アデラード訳に対しては，おそらくチェスターのロバート（1136～1157頃活躍）によって縮約されたバージョン（いわゆるアデラードⅡ）も知られている。さらに既存のラテン語訳を編集したもの（かつてはアデラードⅢと呼ばれたバージョン）や，カンパヌス（13世紀初頭～1296）によってアデラード縮約版（アデラードⅡ）が再編集されたバージョンすら残されている。他方で，古代ギリシャの数学諸学に由来しないフワーリズミー『ジャブルとムカーバラの要約書』もクレモナのゲラルドのみならずチェスターのロバートも翻訳を残しているのは興味深い。

本書第 7 章で述べたように，イスラーム文化圏で論証科学への関心が高まり，さまざまな宮廷学者たちがギリシャ語科学・哲学書を読もうとしたため一つの作品に複数の翻訳が編まれたことを思い起こせば，まさに類似の現象が 12 世紀ルネサンス期でも見られたことになる。その際，古代ギリシャ由来の数学諸学に関係する書物のみならず，イスラーム文化圏で育まれた分野の作品に対しても複数の翻訳が生み出されていたので，この事例からも，12 世紀ルネサンスの当時，古代ギリシャの伝統の再発見を目指していたというよりも，アラビアの学問（＝論証科学を中心とした科学・哲学研究）全体への関心が高まっていたことは明らかだろう。

もちろんこのようなアラビア語からラテン語への翻訳活動とアラビアの学問の普及を支えたのは，ヨーロッパの諸都市における自由学芸への人気だった。さらに，この人気が沸騰することで，神学を専門としたい学生は言うまでもなく，神学以外の医学や法学の専門家を目指す多くの学生たちも司教座聖堂学校で自由学芸を学ぼうとした。しかしその要求にこたえるほど司教座聖堂学校の数は足りず，学ぶ場所のない学生たちが多くあふれてしまった。

その結果，ヨーロッパのいくつかの都市で，この状況にある種の商機を見出した教師たちと学生たちが組合を形成することで，自治的な学びの場＝大学が自然発生した。具体的には，イタリア・ボローニャやフランス・パリ，イングランド・オックスフォードで最初期の大学が誕生し，そこで自由学芸と専門三分野（神学・医学・法学）が教えられた。

大学成立後，大学が自由学芸教育の中心を担うようになった。12 世紀ルネサンス期に自由学芸教育が数学諸学への関心を高めたことから明らかなように，自由学芸教育の中心が大学に移転することで，科学・数学の教育の場の中心も大学に移ることになる。そこで次章において，大学でどのような科学や数学の教育や探求が行われていたのかを考えたい。

学習課題

○なぜヨーロッパは自由学芸のラテン語化を推進し，その際，なぜアラビア語関連書をラテン語に翻訳することでその知識を供給したのか，考えてみよう。

○ 12世紀ルネサンス期にアラビアの学問がヨーロッパに与えた影響について，考えてみよう。

参考文献

チャールズ・ホーマー・ハスキンズ『十二世紀のルネサンス―ヨーロッパの目覚め』（講談社学術文庫，2017年）

伊東俊太郎『十二世紀ルネサンス』（講談社学術文庫，2006年）

ジャック・ヴェルジェ『入門十二世紀ルネサンス』（創文社，2001年）

Charles Burnett, *Adelard of Bath: Conversations with His Nephew,* (Cambridge University Press, 1998)

10 ヨーロッパの大学における科学と数学

《目標＆ポイント》 ヨーロッパで自由学芸が人気となり，自由学芸を学びたい学生たちが増加することで大学が発生した。その大学で自由学芸を担った学芸学部が科学・数学教育の中心となり，アラビアの学問の影響を大きく受けた講義が展開された。そこで大学での講義を見ることで，当時，科学や数学に関する議論がどのように展開されていたのかを考えたい。
《キーワード》 大学，学芸学部，ビュリダン，不可分的，オレーム，メルベクのギヨーム，ルネサンス

---

1 ヨーロッパの大学での自由学芸教育とその展開

前章で述べたように，12 世紀ルネサンス期にヨーロッパで自由学芸への関心が高まり，イスラーム文化圏での論証科学研究全体が一つのパッケージとしてラテン語に訳され伝来した。一方，その翻訳活動を支えた自由学芸への高い関心がヨーロッパの主要都市に大学を発生させ，その結果，学問の中心が大学に移ることになった。

当時の大学は，入門に相当する自由学芸を担う学芸学部と，専門を担う神学部・医学部・法学部から構成されていた。もちろん科学・数学教育の中心は数学四科を担っていた学芸学部だった。しかし次第に学芸学部の教育内容が自由学芸七分野（三学の文法学，論理学，修辞学と四科の幾何学，算術，天文学，音楽）の枠にとどまらず，新たな分野も教えられるようになった。実際，当時，学芸学部では論理学教育が強化される一方，数学四科についていえば，視学が教えられるようになったのみならず，

フワーリズミーのインド式計算法に関する書物や，イスラーム文化圏で発展したプトレマイオス天文学に基づく惑星モデルの物体化を目指す作品群の伝統を引き継いだ『惑星の仮説』が教科書としてよく読まれた。(ここで取り上げた『惑星の仮説』は，本書第5章でふれたプトレマイオス『惑星仮説』ではないことに注意されたい。大学でよく読まれた『惑星の仮説』については本書第11章で詳述する。）加えて数学四科には入っていなかったアリストテレス『形而上学』『自然学』『天について』『ニコマコス倫理学』などのアリストテレスによる哲学書群も学芸学部で教えられるようになった。

このようにヨーロッパでは，イスラーム文化圏で展開された論証科学を中心とした科学数学研究がひとまとまりとして受容されることで大学において数学四科教育が拡張されただけではなく，イスラーム文化圏で重視されたインド式計算法をはじめとして，アリストテレス論理学と哲学，プトレマイオス天文学に基づくコスモロジーが教えられるようになったのは興味深い。いわば，12世紀ルネサンスをきっかけとして，論証科学という枠組みでイスラーム文化圏において展開された科学・数学・哲学研究のエッセンスがヨーロッパに定着し，学芸学部で教えられるようになったといえるかもしれない。

さらにイスラーム文化圏での論証科学研究の大学への影響は学芸学部にとどまらず専門学部にも及んだ。例えば医学部ではガレノスの諸著作の講読が取り入れられる一方，医学者には気象変化はもとより天界からの患者への影響を考慮することが求められるようになり，天文学はいうまでもなく占星術も必要とするようになった。その際，大学では，本書第8・9章でふれたカビースィーの『占星術入門』を代表とするアラビア語占星術書のラテン語訳を教科書として占星術が教えられるようになった。このような医学におけるガレノスの諸著作への着目や占星術への高い関心も，イスラーム文化圏ではぐくまれた科学知の強い影響下で大学のカリキュラムが形成されていたことを示す。

ここで興味深いのが，イスラーム文化圏では一般的に医学者たちは占星術に批判的だったということである。彼らはアリストテレス自然学の枠組みを順守する傾向が強く，イスラーム文化圏の医学者を代表するイブン・スィーナーも『占星術論駁』を残すほど，天界からの地上界への影響には否定的だった。たしかにイスラーム文化圏では論証への関心を起点として，古代ギリシャに由来する科学知につながりのある学者たちは各々論証を身に着けようと関連するギリシャ語科学・哲学文献の読解にいそしんだが，そもそも各々の関心の枠に従って，どの分野を重視するのかで差異が生じていた。占星術に関して言えば，占星術師・数学者たちはもちろん占星術を重視し，医学者たちは占星術に否定的だった。しかし，ヨーロッパではイスラーム文化圏の科学・哲学知がひとまとまりで入ってくることで，そのパッケージ内の占星術の重要性はある意味で当然のものと認識され，ヨーロッパの医学者たちはイスラーム文化圏とは違って占星術を重要な分野として認識し大いに利用するようになった。

さて大学では，通常，議論の基礎となるテクスト群の内容を講義し，その正否を検討することで進行した。具体的には，アリストテレスの諸著作などの基礎文献を取り上げ，教師はその一文ずつに解説を加えることで，その内容を学生たちに講義する一方，そのテクストの論題を一つずつ取り上げ，その論題が正しいかどうかという「問題」を賛成と反対の見解を並べながら論理的に考察する講義もしばしば行われた。この仮想ディベートのような講義は「問題集」と題して数多く書き残されており，問題集を通じて当時の大学での講義の様子を知ることができる。そこで，ジャン・ビュリダン（1300 頃～1361）の『天体・地体論四巻問題集』

を見てみよう。

2　ビュリダンとアリストテレス講義

　ビュリダンはパリ大学で学芸学部の教師を務め，学長に選ばれることもあったほど著名だった。アリストテレスの諸著作を題材にした彼の講義は数多く残されており，主に「解説」と「問題集」という題名が付けられて伝わっている。これらの講義録で，彼がアリストテレス『天について』を取り上げたもののひとつが『天体・地体論四巻問題集』である。『天について』全四巻を通じてアリストテレスは天上界に関する自然学的な考察を展開した。ビュリダンは『天体・地体論四巻問題集』で記録された講義において，アリストテレス『天について』の論述の流れを忠実に追いながらその議論を一つずつ取り上げ，その主張が正しいかどうか（問題）を検討する。ビュリダンの講義風景を知るために『天体・地体論四巻問題集』第 1 巻を取り上げよう。

　アリストテレスは『天について』第 1 巻で，まず天体とは何かを考察するために天体を構成する元素の性質を定めようと，本性に従った諸元素の位置運動を精査する。その結果，彼は，天体は四元素の直線運動とは異なる円運動をなす第五元素すなわちエーテルから構成されていると結論づける。その過程で，彼は元素からなる物体は無限に存在するのか否かにも考察を広げ，無限の物体の存在を否定する。

　ビュリダンは『天体・地体論四巻問題集』第 1 巻でアリストテレス『天について』第 1 巻の論題を逐一問題として取り上げ，その正否を論理的に判定し，問題を解いていく。もちろんアリストテレスの議論の展開に従うかたちで，彼もその第 1 巻で物体の無限性について多く議論する。

　例えば『天体・地体論四巻問題集』第 1 巻第 13 問は「もし円運動する物体が無限であれば，中心から引かれた線の間の広がりは無限であるかどうか」という問題を扱う。実際アリストテレスは『天について』第1巻第5章で円運動する物体すなわち天体＝エーテル体の有限性について以下のように考察する。

> さて，円運動する物体はすべて有限でなければならないことは，以下のことから明らかである。すなわち，もし円運動する物体が無限であるとすれば，中心から出る半径も無限であろう。ところが無限な半径どうしの間のひろがりも無限である。ここに，無限な半径どうしの間のひろがりと私が言うのは，それの外に，それら半径に触れるどんな大きさも捉えることができないもののことである。〔中略〕ところで，もし無限なものを通過し切ることは不可能であり，また，無限な物体であればその半径どうしの間のひろがりも無限でなければならないとすると，その物体は円運動することはできないであろう。しかし，現に天が円をなして回っているのを我々は見ているし，また，ある物体については円運動のあることを，我々はすでに理論の上でも確立している。

ここでアリストテレスは，無限の物体が円運動するのであれば，その円運動を包括する，より大きな場所が必要となることを指摘する。しかし無限より大きな場所は存在しえないので，円運動する物体が無限であることはありえない。それゆえ彼は円運動する物体の中心から出る半径も無限ではなく有限であると結論付ける。

一方，ビュリダンは『天体・地体論四巻問題集』第1巻第13問で「中心から出る半径は無限かどうか」に対してアリストテレス同様「否」の結論を出そうとする。その際，彼はこの論題に対してさまざまな否定的な議論を列挙する。まず，彼は，アリストテレスが『天について』第1巻第7章で述べている，無限の物体は真中がないので中心を持たないため，円運動する物体は無限ではありえないという議論を紹介する。

そのあとビュリダンは，運動中心となる点や回転球の極の自然学的な存在条件に関してまで話題を拡張し，以下のように議論をすすめる。

> 前提〔＝円運動をする無限な物体がある〕について二つの結論を下そう。
> 第一の結論は，もし円運動をする無限な物体があれば，これは中心を持つというものである。〔中略〕それが大きさを持ち可分的なものであれば，自然学的な中心であり，あるいは不可分的な点が円または球の中心であると想定されるような場合であれば，それは数学的な想像に基づく虚構的な中心である。
> さて，もし不可分的な点を仮定しないとすれば―わたしはそれを仮定すべきでないと信じるが―，ここで次のような疑いが生じる。すなわち，そのどの部分も深さ全体にわたって運動する車輪は，いったいなにのまわりを運動するのであろうか。また，円運動する球の極はいったいいかなるものなのであろうか，という疑いである。実際，我々は不可分的な点は存在しないと仮定しているのであるから，その極は，そのようなものではない。またもしそれが可分的な部分であれば，さらにまたこの部分がその周りを運動する極を持たねばならないことになり，このようにして〔極が極を持ち〕無限に続くことになるが，これは不都合である。〔中略〕
> わたしは次のように答えよう。すなわち，数学者たちは，話を容易にするため，不可分的な点があたかも存在するかのように想定する。それで彼らは，不可分的な極と不可分的な中心とを仮定する。しかし自然学的なかつ真実な立場からすれば，極は球の一部分であり，可分的な物体である。つまりその周りをほかの諸部分が回転する，あるいはその周りを他の諸部分が取り巻くのである。〔中略〕だから君が極と

考えるその部分もさらに円に回転しており，その部分にも極を，つまりその部分がその周りにあるさらに小さい部分を指摘することができ，このようにして無限に続くことを認めよう。

ここでビュリダンは，アリストテレス自然学で展開される「可分的な物体」観を支持している。アリストテレスは『自然学』などで物体に関して自然学的な考察を深めることで，物体は無限に分割可能（＝可分的）なものであることを示した。このアリストテレスの議論を踏まえて，ビュリダンは上の引用箇所で自然学の観点から回転円の中心や回転球の極の可分性を検討し，自然学的な回転中心や極の存在を否定する。

自然学に基づく可分的な中心の非存在性に関するこのビュリダンの議論で注目すべきは，ビュリダンが数学者たちの「不可分的な物体」観を批判していることである。不可分的な物体とはいわゆる「原子」のことで，アリストテレス以来，数学者たちは不可分的な物体である点や線などの組み合わせで構成された幾何学量という物体を想定して議論を進めていると批判されてきた。そもそもエウクレイデス『原論』で「点とは部分のないものである」と定義されていたように，数学的想像界では大きさのない点＝原子が幾何学的連続量を構成すると考えられてきたのは確かである。これら不可分的な諸物体で組み立てられた数学における議論を，自然学者たちは虚構の議論だとして実際の自然物に対しては適用できないものとみなしてきた。

このような数学批判を意識したイスラーム文化圏における数学者の反応として，本書第８章で紹介したイブン・ハイサム『エウクレイデス『原論の書』への疑問群の解消とその諸概念の解説』での第１巻第１命題に対する議論を思い出そう。その議論でイブン・ハイサムは，世界の３倍の大きさの場所を必要とする作図は不可能ではないかという自然学の観点からの疑問に対し，数学的存在は想像上のものであり可能であると返答したのだった。

しかし本書で何度か言及してきたように，エウクレイデスの頃から，数学者たちは数学的自然学ともいうべきものを目指し幾何学モデルを組み立てることで自然現象を説明しようと努力してきた。実際，プトレマイオス天文学における幾何学体の組み合わせで表現された惑星モデルは実際の天上界を表すものとして想定されており，単なる数学的虚構ではなかったはずである。しかし数学者たちは数学的存在物の現実性にはある程度の自信を持っていた一方で，イブン・ハイサムの返答でも明らかなように，彼ら自身にとっても幾何学的モデルが虚構なのか現実なのかの問題は深刻だったため，特に自然学者たちとの議論など様々な場面で留保せざるを得なかった。

上で引用したビュリダンの批判で見られるように，ビュリダンの目には，数学者たちの数学的自然学では点や線のような幾何学量が不可分者としてあたかも自然界に存在しているかのように扱われていると見えていたのは興味深い。ビュリダンは数学者たちの不可分的な物体を措定する議論を単純化した信頼に値しないものとみなし，あくまで自然学的な議論で自然現象の解明を目指していた。

逆に，ビュリダンが数学者たちの不可分的な物体を用いた議論を意識せざるを得ないくらい，当時，数学者たちの数学的自然学は影響力を持っていたのも明らかである。数学的物体観が説得力を持ち否定しきれなかったからこそ，彼は上の引用箇所で「もし不可分的な点を仮定しないとすれば—わたしはそれを仮定すべきでないと信じるが—」と留保したのではないか。彼には可分的世界観を絶対的なものとして提示することは不可能で，ある種の選択としてアリストテレス自然学の提供する可分的物体観を彼は採用し提示したといえる。

さてビュリダンはこの可分的な中心の非存在性に関する議論をいったん終えて，再び元の「もし円運動する物体が無限であれば，中心から引かれた線の間の広がりは無限であるかどうか」という問題に戻る。そこで彼はそれまで検討していたさまざまな可能性（円運動するかどうかや中心があるかどうか）を考慮せずに，無限な物体があってどこかの点から二本の線を無限に引いたならば，間のひろがりが無限か否かだけを考察し，その間は無限でも有限でもありうることを示す。その結果，彼は中心から引かれた線の間の広がりは無限であることを否定し，本問題を終える。

このようにビュリダンは，アリストテレス『天について』の論題を一つずつ取り上げ，時には数学的な観点からの議論も意識しつつ，アリストテレスの見解を論理的に精密に検討し，その問題の正否を結論した。彼は第1巻第13問ではアリストテレスの見解に寄り添うことになったが，アリストテレスの見解が権威的だったからそれに従ったのではなく，この問題に関して最も論理整合的な見解をアリストテレスが提示していたためその見解を採用したことに注意しよう。

実際，ビュリダンは『天体・地体論四巻問題集』で，ときおりアリストテレス自然学を踏み越えることも見られた。例えば，その第2巻第6問「動く天の上に静止した，あるいは動かない天がおかれるべきであるかどうか」で，彼はキリスト教神学において想定された神の座であるエンピリウム天を最外天＝動かない天として認め，アリストテレス自然学的なコスモロジーに融合させようとした。もちろんアリストテレスはこのような天の存在を考察することはなかったが，ビュリダンはエンピリウム天が存在する自然学的な根拠を列挙し，キリスト教神学的なコスモロジーとアリストテレス自然学との論理整合的な融合を目指した。

さらにビュリダンは『天体・地体論四巻問題集』第2巻第11問で，アリストテレス『天について』第2巻第6章の論題である「天はつねに規則的に動くのかどうか」を問題とし，天の運動を考察してアリストテレスの見解と同じく「正しい」との判断を下す。その後，彼はアリストテレス『天について』第2巻第6章の議論に沿って物体の運動全体に話題を広げ，第2巻第12問で「本性的運動は初めよりも終わりのほうがより速くあるはずであるかどうか」を扱う。この第12問において，彼は，本問題にかかわるアリストテレスの議論や，その根拠となる日常経験を精査することで，地上界の強制運動では起点において最高速度があり，投げられたものにおいては中間において最高速度があるというアリストテレス『天について』第2巻第6章での見解を否定する。そのうえで，物体は，天上界であれ地上界であれ，まずインペトゥス（動かすもの）を獲得し運動するというインペトゥス論を彼は提唱する。このインペトゥス論は，アリストテレスの運動に関する議論を批判的に検討した結果，彼が到達した彼にとって最も整合的な理論だったといえよう。

以上，ビュリダンの講義録の一つ『天体・地体論四巻問題集』を取り上げることで，当時，彼がその講義でアリストテレスのテクストに含まれる論題を一つ一つ取り上げ，それが論理整合的か否かを最大の論点としながら，アリストテレスの議論を丁寧に読解していたのが見えてきた。その際，彼はアリストテレスに絶対的権威として盲従するのではなく，論理分析能力を武器に，アリストテレスの議論を素材として，自然現象を含めた世界構造の論理的な解明を目指したことが分かった。

ここで指摘すべきは，このような問題を解く態度は，本書第8章で紹介したイスラーム文化圏での科学研究活動と全く同じものだったといえることである。アッバース朝マームーン期以降，論証科学に関する数多くの重要なギリシャ語科学・哲学書のアラビア語化を完遂したイスラーム文化圏において，科学・哲学の担い手たちは論証科学の完成を目指して，主要なギリシャ語科学・哲学書に対して論理不整合な点を疑問として列挙し，その疑問群を解消することをその主要な研究活動としていた。
たしかに本書第8章で触れたラーズィー『ガレノスへの疑問』やイブン・ハイサム『エウクレイデス『原論の書』への疑問群の解消とその諸概念の解説』のようなイスラーム文化圏で数多く編まれた「疑問の書」や「疑問解消の書」がラテン語訳された形跡は見当たらない。しかしヨーロッパの大学教師たちは12世紀ルネサンスを経てイスラーム文化圏とほぼ同じような論証主義的なテクスト分析を開始していることから，彼らがイスラーム文化圏の論証科学研究の成果をひとまとまりの「アラビアの学問」として受け入れ学ぶことで，ギリシャ科学・哲学書群を論理整合性の立場から読み込み論理整合性を高める改良を提示し疑問点＝問題を解消しようというイスラーム文化圏の科学研究プログラムを何らかの形で身に着けたのは間違いない。そもそもヨーロッパでのアラビアの学問への需要は前章で述べたように数学四科への関心によって引き起こされたわけだが，当初の目的は何であれ，アラビアの学問を学ぶことで，ヨーロッパでもアラビアの学問のもつ論証への志向性が受け継がれ，論証科学を目指す姿勢が大学に浸透したのは興味深い。
実際，ビュリダンにとどまらず，大学教師たちは各々主要なテクストを素材として，その問題を検討する講義を展開した。例えば，パリ大学でビュリダンの教えを受けたニコル・オレーム（1320頃〜1382）も数多くの講義録が残されており，そのうちの一つが『エウクレイデス幾何学に関する問題集』だった。この問題集でオレームは，エウクレイデス『原論』を講義の素材として，「同じものが同じものに加えられたら全体は等しくなるということは正しいかどうか」といった問題を21問提示し，ビュリダンと同様，各問題に対してさまざまな論拠を並べて正否を判定した。
ビュリダンたちの講義内容が示すように，大学の学芸学部は主要なギリシャ科学・哲学書の精密な読解の場となっていた。12世紀ルネサンス期に到来したイスラーム文化圏の論証科学研究というパッケージがヨーロッパの大学に定着し，イスラーム文化圏と同様，ヨーロッパの諸大学でも独自の科学・哲学研究が開始したことが見て取れる。

こういった論証科学教育・研究が進行する中，ヨーロッパでギリシャ語文献をより精密に読もうという機運が高まるのは容易に想像できるだろう。実際，ビュリダンとほぼ同時代のメルベクのギヨーム（1286頃没）が数多くのアリストテレス哲学書をギリシャ語からラテン語に翻訳したことが知られている。

ドミニコ会士であるメルベクのギヨームの生涯については資料が少なく判然としないことが多い。しかしその翻訳に付けられたコロフォンより，彼が1260年にギリシャ・ニカイアやテーバイで翻訳を遂行し，1267〜8年にイタリア・ヴィテルボで翻訳を行ったことなどが少なくとも分かっている。

ギヨームの翻訳姿勢は原典に真摯なもので，彼はできる限り良いギリシャ語写本を入手し，時には複数の写本を比較しながら翻訳をすすめた。その結果生み出された訳文は原文の直訳ともいうべきもので，彼のラテン語訳から元のギリシャ語が推定できるほどだった。

ギヨームによるギリシャ語からラテン語への翻訳成果は数多く残されており，とりわけアリストテレスの著作をほぼすべて翻訳したことは驚くべきだろう。さらに彼の翻訳対象はアリストテレスにとどまらなかった。その翻訳の一部を挙げると，以下のようになる。（ただし，彼による既存の翻訳の改訂版も含まれるので，注意されたい。）

シンプリキオス（480頃〜560頃）『アリストテレス『カテゴリー論』注釈』

テミスティオス（317 頃～388 頃）『アリストテレス『霊魂論』注釈』
フィロポノス（490 頃～570 頃）『アリストテレス『霊魂論』注釈』
プロクロス（412～485）『神学綱要』
アルキメデス『球と円柱について』『螺旋について』など８点
エウトキオスによるアルキメデス著作群への注釈書３点
プトレマイオス『テトラビブロス』
ヘロン（60 頃活躍）『カトプトリカ（反射視学）』
ガレノス『食物の諸力について』

上のリストが示すように，ギヨームは大学で教授されていたアリストテレス著作群をギリシャ語から翻訳するのみならず，その読解に必要なギリシャ語注釈群も数多く翻訳したことがわかる。さらに彼は数学的自然学にかかわるようなアルキメデスの著作（およびその注釈書）やプトレマイオスの占星術書，ヘロンの視学書なども翻訳しつつ，ガレノスの医学書までもその翻訳対象としたのは興味深い。彼の翻訳対象がまさにヨーロッパに伝来した「アラビアの学問」＝論証科学に含まれていた分野と合致するので，彼はアラビアの学問を基礎とした大学の講義に必要な主要なギリシャ語科学書のラテン語訳をギリシャ語から直訳して提供しつつ，プロクロスやシンプリキオスなどの注釈書といった，イスラーム文化圏では本格的にアラビア語訳されなかった関連するギリシャ語注釈書群も併せて翻訳したのは明らかである。

ギヨームの翻訳活動によって，ギリシャ語圏では主流だったアリストテレス解釈がはじめてラテン語化されヨーロッパに伝来したのは興味深い。この新たな注釈群の伝来は，彼がギリシャ語写本に直接アクセスできたからこそ可能になったのは言うまでもない。彼は大学の講義を意識してアラビアの学問の枠組みから出発しつつ，ギリシャ語写本を通じてその基盤を支えているギリシャ語科学・哲学書を探索することで，アラビアの学問では提供されなかった新たな著作群をギリシャ語から直接ヨーロッパにもたらしたのだった。

このような原典に忠実な直訳を基本とするギヨームの翻訳書群は，大学の講義でしばしば採用された。時宜に合った翻訳を行った彼は翻訳者として成功を収めたといえる。

以上，大学での科学や数学，哲学の役割を見ることで，当時，大学でいかにアラビアの学問＝論証科学教育が定着していったのかが分かった。12世紀ルネサンス期にアラビアの学問がラテン語訳され，それを基盤として大学という場で数学四科教育を入り口として論証科学教育が定着した結果，ヨーロッパの大学がイスラーム文化圏と同様，論証科学研究の場となった。実際，学芸学部を中心とした大学の講義において論理主義的なテクストの精密な読解が採用されるようになっていた。

さらに，イスラーム文化圏が培った論証科学教育・研究が大学で浸透することで，アリストテレスの諸著作の原典により近づきたいという要望が大学を中心にみられるようになり，その要求に沿う形でギヨームによって関連するギリシャ語文献のラテン語訳が行われた。やはり大学教育の現場でも，原典を精密に検討したいという原典主義の態度が主流となっていたといえる。ここで特筆すべきは，ヨーロッパで数学諸学教育への需要を契機としてイスラーム文化圏の論証科学教育研究パッケージを受け入れ浸透した結果このような原典主義の高まりを大学が形成する中，いわゆるルネサンスがイタリアを中心に発生したことである。

3　ルネサンスと大学批判

本書第9章で述べたように，そもそも西側のローマ帝国領域だったヨーロッパの人々はローマ帝国の直系の子孫というアイデンティティーを高めラテン語での統一を目指した。その過程で自由学芸教育のラテン語化に迫られ，それに必要な数学四科に関連するアラビア語の文献を大量にラテン語に翻訳し，その不足を埋めようとした。このいわゆる12世紀ルネサンス期を経て，アラビアの学問がヨーロッパに伝来し自由学芸教育が人気となることでヨーロッパのいくつかの地域で大学が発生し，その学芸学部がアラビアの学問＝論証科学を中心とした科学・哲学の教育と研究の場となった。

ヨーロッパでこのようなアイデンティティー形成が深まることで，大学先進地だったイタリアを中心に，自らの祖先たちの育んだ古代ローマ文化のすばらしさを再発見し，それを再復興（＝ルネサンス）しようとする人々が登場したのは自然のことだろう。その最初期の人物がペトラルカ（1304～1374）だった。彼はローマ帝国最大のキリスト教神学者ともいうべきアウグスティヌス（354～430）の残した自伝的改宗録である『告白』に触発される形でキリスト教への信心を深める一方，アウグスティヌスが大きく依拠したローマ帝国の政治家だったキケロ（前106～前43）の哲学の重要性に気づき，異教（＝非キリスト教）の文化とはいえキケロを代表とするローマ人たちの古代ローマ文化を素晴らしいものとして再発見し，キケロの著作の収集を開始した。もちろん彼の再発見はキケロの依拠した古代ギリシャ文化にもおよび，プラトンの対話編やホメロスなどの文献にもその収集範囲を広げていった。その結果，イタリアを中心として古代ギリシャ文化自身への関心が高まり，イスラーム文化圏でも12世紀ルネサンス期のヨーロッパでもそれほど重視されてこなかったプラトンの諸著作の本格的なラテン語化が求められ，その大役をフィチーノ（1433～1499）が担った。フィチーノによるプラトン著作全集出版の頃が，イタリア・ルネサンスの全盛期だったといえるかもしれない。

他方，ペトラルカ以降，彼ら自身の時代（＝ルネサンス期）と古代（＝

古代ローマ期）との間にはさまれた中世は暗黒の時代としてとらえられるようになり，中世の伝統に基づくとされた大学の教育（＝スコラ（学校）学）は無価値のものとして批判されるようになった。だが，前章で述べたように，彼らの批判する大学のスコラ学こそがアラビアの学問を媒介として古代ギリシャに由来する科学・哲学をヨーロッパに根付かせた原動力だったのを思い起こせば，この批判はあまりに的外れなのは明らかだろう。しかし「中世」という概念は，その後もネガティブなイメージとともに頻繁に用いられ続けているのは皮肉なことである。実際はルネサンス期以降も科学や数学の教育と研究の中心は大学に存在した。そこで次章において，ルネサンス期における科学と数学がいかなる展開を迎えたのかを考えたい。

学習課題

○大学でなぜアリストテレスの著作群が講義されるようになったのか，考えてみよう。

○なぜメルベクのギヨームがギリシャ語科学書群をギリシャ語からラテン語に訳し始めたのか，考えてみよう。

参考文献

青木靖三，横山雅彦編訳『中世科学論集』（科学の名著，朝日出版社，1981年）

池田康男訳『アリストテレス　天について』（西洋古典叢書，京都大学学術出版会，1997年）

C.H.ハスキンズ『大学の起源』（八坂書房，2009年）

伊東俊太郎『近代科学の源流』（中公文庫，2007年）

セブ・フォーク『アストロラーベ—光り輝く中世科学の結実』（柏書房，2023年）

Ernest Addison Moody, *Iohannis Buridani: Quaestiones super libris quattuor de caelo et mundo*（Kraus Reprint, 1970）

Pieter Beullens, *The Friar and the Philosopher*（Routledge, 2022）

11 ルネサンス期における物体天球論の展開と数学者コペルニクスによる太陽中心説の登場

《目標＆ポイント》 『アルマゲスト』要約を求めて訳されたアラビア語天文学書を通じて，ヨーロッパは物体天球論を受容した。その物体天球論がウィーンを中心に展開される一方，『アルマゲスト』のギリシャ語からの読解が進行した。そこで物体天球論と計算天文学がいかにヨーロッパで融合し，最終的にコペルニクスによってどのように新たな数学的自然学がもたらされたのかを考えたい。

《キーワード》 ファルガーニー，イブン・ハイサム，ハイアの学，『惑星の仮説』，天球，ポイアーバッハ，『惑星の新理論』，レギオモンタヌス，コペルニクス，太陽中心説

---

1 ルネサンス期の大学での天文学と数学

前章の最後でふれたように，ルネサンスを契機としてイタリアを中心に大学批判が展開されたとはいえ，科学や数学の教育は大学がいまだその中心を担い，大学教師たちは同じスタイルの講義を継続していた。実際，前章で紹介したオレームはペトラルカの同時代人で，ペトラルカがルネサンス史観と反スコラ学を強力に主張する一方，オレームは大学で数多くの講義を行い，その講義録が残された。

さらにイタリアなどでの大学教育の成功を踏まえて，大学が自然発生しなかったドイツ語圏にも世俗君主たちによっていくつかの大学が設置された。その最初が1348年に設置されたプラハ大学で，続いてクラクフ大学（1364年），ウィーン大学（1365年），ハイデルベルグ大学（1386

年）が創設された。このようなドイツ語圏での大学教育の普及が示すように，ルネサンス史観に基づいてスコラ学への批判が巻き起こった一方で，大学での教育は求められ続け，そのシステムはヨーロッパ全体に広がっていった。

ドイツ語圏で設置された諸大学の教育に関して特筆すべきは，新設のウィーン大学学芸学部において，グムンデンのヨハネス（1442 没）の教育カリキュラムを端緒として，数学と天文学を重視した自由学芸教育が展開されるようになったことである。ウィーンを支配していた世俗君主フリードリヒ 3 世（1415～1493）が占星術を重視し，占星術師たちをその宮廷に抱えていたこともあり，1450 年までにはウィーンは天文学教育・研究の中心地として知られるようになった。

その天文学におけるウィーンの名声を確固たるものにしたのが，ウィーン大学で学びその教師となったポイアーバッハ（1421 頃～1461）だった。実際，彼の天文学に関する教育研究活動によって，プトレマイオス天文学のラテン語化が一気に進んだ。そこでポイアーバッハと天文学教育の関係を見ることで，ヨーロッパにおけるプトレマイオス天文学受容と研究の展開を見てみよう。

2　ヨーロッパでの物体天球論の展開

本書第 9 章でふれたように，12 世紀ルネサンス期にプトレマイオス『アルマゲスト』アラビア語訳はクレモナのゲラルドによってラテン語に翻訳されヨーロッパに伝来した。しかし『アルマゲスト』の内容は難解で，アリストテレスの諸著作のように大学で『アルマゲスト』を題材に講義されることはなかった。そのため，講義題材となっていた他の主要ギリシャ語科学・哲学書群は徐々にギリシャ語原典からラテン語に翻訳される一方，講義で用いられなかった『アルマゲスト』についてはそのギリシャ語原典からのラテン語訳は編まれることはなかった。

では大学の天文学の講義で何が読まれたのかというと，アラビア語で書かれた『アルマゲスト』要約書のラテン語訳がよく用いられた。その代表が，クレモナのゲラルド訳などいくつかのラテン語訳で知られるファルガーニー（9 世紀活躍）『〔プトレマイオス天文学〕要約』である。この要約書は，複数回ラテン語に翻訳され，後に何度も印刷されるほど，ヨーロッパでよく読まれた。

『要約』の著者ファルガーニーはアッバース朝のマームーン宮廷で活躍した学者で，天文学や天文観測器具についていくつか著作を残した。彼の著作の中で最も読まれたのが『要約』である。彼は本要約で『アルマゲスト』の章立てに従いながら，『アルマゲスト』の大半を占める数学的論証を省略し，『アルマゲスト』の提供する惑星モデルがどのような仕組みなのかをかいつまんで叙述する。

『要約』には序文がないため，ファルガーニーの執筆動機を知ることはできない。しかし，その内容が示すように，彼がある意味で『アルマゲスト』の本質ともいうべき数学による根拠づけを省略して，『アルマゲスト』の惑星モデルの圧縮した要約を単に目指したわけではなかった。実際，『要約』第 1 章「アラブ人たちと非アラブ人たちの年・月・日とそれらの間の違いについて」で，彼は当時のさまざまな暦の違いを扱っており，その内容はもちろん『アルマゲスト』には存在しない。また，第 20 章「月宿と呼ばれる 28 の宿の星々の記述について」で取り上げられる月宿とは，月の通り道付近の恒星群を 1 か月分＝ 28 日分に分割した範囲それぞれのことで，この概念はギリシャ語圏には見られず，『アルマゲスト』では言及されることはなかった。これらの例から，彼はアッバース朝で普及していた天文知識を取り込みながら『要約』を仕上げたことは明らかである。

さらに『要約』では,『アルマゲスト』を扱った箇所でもファルガーニーの新たな視点が見て取れる。彼は第2〜11章で,『アルマゲスト』第1〜2巻に沿って日周運動と地上の地理的説明を提供する。その後『アルマゲスト』では第3巻以降すぐに幾何学モデルを組み立てながら各惑星の運動を説明するのに対し,ファルガーニーは『要約』第13章以降において惑星モデルと運動を説明する前に第12章「諸星の諸天球の仕組みと組み立て,それらの地球からの距離の順番についての記述」でコスモロジーの要約を提供しているのは注目すべきだろう。この章で彼は,惑星や恒星群の乗っている諸天球がどのような形で入れ子状に組み立てられているのかを説明してから,個別の惑星モデルを提供するのだった。

『要約』第12章でみられる天の仕組みの説明は『アルマゲスト』には存在しないため,ファルガーニーが『アルマゲスト』では明確に提示されなかった物体的な天の構造の提供を本要約で目指したのは疑い得ない。すでに何度かふれたように,アッバース朝では合理的な世界構造と全知全能の唯一神による創造とを結びつける議論が存在し,被造物としての天上界の合理的な構造の解明に興味があった。それゆえ彼も本要約で『アルマゲスト』の惑星モデルを実際の天上界の構造を説明する形で説明し直したのではないか。

この観点からみると,ファルガーニーは計算のための幾何学的道具としての惑星モデルの要約提示を目指したわけではなく,実際の物体的な天の構造を説明しようとしていることに気づく。例えば,第12章で,はじめて太陽に関する構造に触れた際,彼は「太陽についていえば,その〔太陽〕体はその離心天球(アラビア語でファラク)に乗っかっており,その〔天球〕はその〔太陽〕を等速度で回転させる」と説明する。まさに太陽という球の物体が太陽天球という球の物体に埋め込まれ,天球の運動によって運行させられているさまを端的に説明する。

ここで天の構造の幾何学的側面を維持しつつ物体的な記述を可能にしたのが天球（ファラク）概念の導入だろう。天球は，球として幾何学的に記述される一方，それは物体性をあわせもつ存在と考えられた。プトレマイオス『アルマゲスト』は幾何学的なモデル記述に終始したが，ファルガーニーは『要約』で，その幾何学モデルを天球という球的物体概念を使って書き直し，その仕組みだけを提示することで，プトレマイオス天文学の幾何学モデルの物体化を成し遂げた。ファルガーニーは難解な『アルマゲスト』を要約する意図がある一方で，『アルマゲスト』ではほぼ展開されなかったアッバース朝で関心の高かった物体的コスモロジーを提出したかったのだろう。

イスラーム文化圏では，ファルガーニー『要約』のように，数学的な根拠付けの詳細は『アルマゲスト』に依拠することで省略し，『アルマゲスト』の惑星モデルに基づいた物体的（立体的）なコスモロジー記述を目指す「ハイア（世界の仕組み）の学」と呼ばれるジャンルが発展した。このジャンルに関する作品群にひとつの模範を与えたのが，本書第8章で紹介したイブン・ハイサムの書いた『世界の仕組み（ハイア）について』である。

『世界の仕組みについて』の序文において，イブン・ハイサムは，本作品で読者がプトレマオス・モデルを詳細に検討せずに理解できるような概説の提示を目指すと述べる。さらに，彼は，プトレマイオスにのみ依拠すると物体的な側面が抜け落ちてしまうので，物体的な球体の運動の組み合わせでその構造を示したいとその目標を掲げている。

この序文から，当時プトレマイオス天文学の幾何学性に注目が集まっていたことが分かる。もちろん本書第5章で述べたように，プトレマイオス自身も物体的な天上界の仕組みの解明を目指していた。しかし『アルマゲスト』では惑星経度計算の体系づくりに尽力した結果，その惑星モデルの幾何学性が強調され物体的側面はほぼ議論されなかったのは確かである。

そこでイブン・ハイサムは,『世界の仕組みについて』でプトレマイオスの幾何学的な惑星モデルの物体化を意識的に推進することになった。もちろんこのような物体的天構造の提示を目指した彼にとって天球概念は重要だった。彼はまず天上界の諸天球が入れ子状になっていることを述べてから,各惑星の天球構造へと展開していった。いわば天球という幾何学的性格を持った物体概念を駆使して,『アルマゲスト』の想像的な幾何学モデルを物体的に書き直し,その概要を提示したのだった。

イブン・ハイサム以降,イスラーム文化圏でハイアの学はさらに展開した。実際,その決定版ともいうべきナスィール・ディーン・トゥースィー(1201〜1274)『世界の仕組み(ハイア)の学覚書』が登場し,本作品がその後のハイアの学の方向性を定めることになった。

一方,ヨーロッパにも,『アルマゲスト』の解説を求めてファルガーニー『要約』がラテン語訳されることで,図らずも萌芽期のハイアの学が伝来していた。ただしファルガーニー『要約』が翻訳された際,翻訳者たちは天球を「円」(circulus)として訳しており,物体性を伴った天球概念を理解できなかったことが分かる。しかしイブン・ハイサム『世界の仕組みについて』がラテン語に翻訳される頃には,天球概念における物体性の重要さが理解されるようになり,天球は,円や球といった幾何学体と分けて「天球」(orbis)として訳されるようになった。

このように『アルマゲスト』要約という形でイスラーム文化圏でのハイアの学に関する諸作品の一部がラテン語化され,数学的根拠づけ抜きでプトレマイオスの惑星モデルを要約するという解説スタイルがヨーロッパに定着した。実際,その記述スタイルを集大成した『惑星の仮説』が登場し,大学で教科書としてよく用いられるようになった。本作品でも数学的な根拠づけは省略され，プトレマイオスの惑星モデルの仕組みが要約提示された。

『惑星の仮説』は序文がなく，その著者は未詳だが，しばしばクレモナのゲラルドに帰せられることが多いことが示すように，アラビアの学問に多くを依拠した作品であるのは疑い得ない。例えば，月の昇降点を「竜の頭尾」として表現するのはアラビアの学問に由来することは明らかで，プトレマイオス『アルマゲスト』の要約を主眼としつつ，アラビアの学問で主流となった諸概念も取り入れられている。加えて，本作品では，各惑星を取り巻く天球の様子を図で示すのが特徴的で（太陽の天球に関する図11－1を参照），数多くの図を使って天の構造を示してくれる。図を媒介にして読者に天の構造を視覚的に理解できるように工夫されていることから，本作品でも天上界の物体的構造の提示に関心があったと考えられる。

ただし『惑星の仮説』では「天球」という用語はほとんど使われず，惑星モデルは「円」や「球」によって描写されており，幾何学色が強いのは興味深い。『アルマゲスト』要約を通じてハイアの学を受け入れたヨーロッパでも，天球概念の取り扱いに関していまだ確固たる姿勢が打ち立てられていなかったことがわかる。この『惑星の仮説』の幾何学性を排除し，その内容の更新を目指したのが，ポイアーバッハ

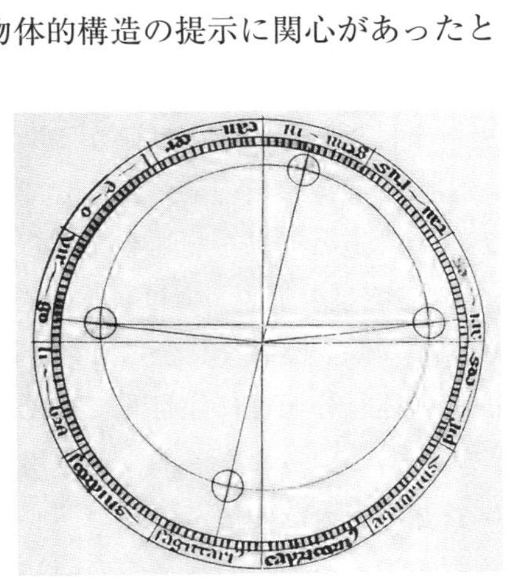

図11－1　『惑星の仮説』での太陽の天球

だった。

ポイアーバッハ（1421頃〜1461）はウィーン大学でグムンデンのヨハネスに学び，ウィーン大学でラテン語詩の講義を受け持った。その一方で，彼の数学と天文学の能力が認められ，フリードリヒ3世の宮廷占星術サークルに所属するようになり，のちに宮廷占星術師にまでのぼり詰めた。

ポイアーバッハの天文学と数学での名声はウィーンで名高く，1454年，彼はウィーン市民学校で「惑星の新理論」と題する講義を行うほどだった。その内容がまとめられ『惑星の新理論』として公刊されると，本作品は大学の天文学の教科書としてよく読まれるようになった。

『惑星の新理論』には序文は含まれず，ポイアーバッハの本作品の執筆目的は明言されることはない。しかし『惑星の新理論』というタイトルが示唆するように，彼は『惑星の仮説』を大いに意識し，本作品でその更新を目指していたのは確かである。

実際『惑星の新理論』の章立ては『惑星の仮説』を踏襲し，各惑星の天球の構造と運動を記述しながら，『惑星の仮説』と同じく図を与える。一方，『惑星の仮説』では各惑星を紹介する際，例えば「太陽の運行についての理論」という具合に，プトレマイオス『アルマゲスト』と同じく，惑星の運行の記述に注目していたのに対し，ポイアーバッハは「太陽について」といったタイトルを採用していることから明らかなように，彼は各惑星の天球の構造に強い関心を寄せていた。

ポイアーバッハの構造への関心は記述内容からも裏付けられる。例えば太陽の場合，まず図11－2を掲げ「太陽は3つの天球を持つ」と述べ，天球構造の説明を始める。そして各天球の構造を説明し，最後の第3天球については，「第3〔天球〕は明確に離心で，太陽の導天球（orbis）と呼ばれる。実際，その〔天球の〕運行に従って，その〔天球〕に付着している太陽体は動かされる」と叙述する。そのあと，太陽の3天球の挙動を記述し，太陽の天球構造とその運行の説明を締めくくる。このように彼は，物体的な太陽体やその3天球を，図を交えながら説明していることがわかる。

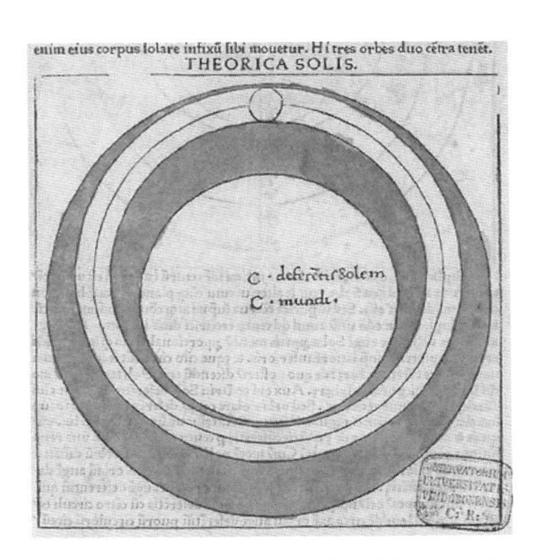

図11－2　『惑星の新理論』での太陽の3天球

ポイアーバッハの物体化の視点は，ハイアの学に由来するのは明白である。実際，『惑星の新理論』の太陽に関する記述は，上で引用したファルガーニーの太陽天球の記述（「その〔太陽〕体はその離心天球に乗っかっており，その〔天球〕はその〔太陽〕を等速度で回転させる」）にとても似通っていることが示すように，ポイアーバッハはラテン語化されたハイアの学の書を通して天球概念を身に付けたことは疑い得ない。その結果，彼は天球（orbis）概念を駆使して，幾何学的な性質を保ちながら天上界の物体的な構造を記述し，『惑星の仮説』の幾何学的モデルの物体化を成し遂げたのだった。

さてポイアーバッハは『惑星の新理論』の名声を受けて，1460年にベッサリオン（1403～1472）から『アルマゲスト』をギリシャ語で読解し綱要を編んでくれないかとの依頼を受けることになった。そこで彼はその依頼を受諾し，その作成に取り組んだ。

ベッサリオンは東ローマ帝国出身の元修道士で，イタリアに渡り枢機卿となった人物である。彼はギリシャ語を母語とし多数のギリシャ語の蔵書をイタリアに持ち込むことで，イタリアでの古代ギリシャ文化受容の中核を担った。

このベッサリオンの依頼が示す通り，当時までプトレマイオス『アルマゲスト』全体がギリシャ語原典から読解されてラテン語化されたことはなく，1450年代からそのラテン語訳が求められるようになっていた。そこでベッサリオンは適任のポイアーバッハにその依頼を行ったのだった。

一方，ポイアーバッハはその依頼を受け『アルマゲスト綱要』作成に取り組むが，その完成半ばで亡くなってしまった。そこで彼の弟子ともいうべきレギオモンタヌス（1436～1476）がその遺志を引き継ぎ，1462年に『アルマゲスト綱要』完成をさせた。

ポイアーバッハとレギオモンタヌスの『アルマゲスト綱要』は，「綱要」というタイトルが示す通り，『アルマゲスト』の翻訳ではなく，その記述をまとめながら内容を解説したものである。さらに本綱要はプトレマイオスに絶えず忠実ではなく，例えば，いくつかの天文定数に関してイスラーム文化圏の学者たちの見解に言及しながらアップデートを行っている。このように本綱要は『アルマゲスト』をギリシャ語原典に基づいて同時代の成果を取り込み書き直したものだった。

加えて，彼らは『アルマゲスト綱要』で『アルマゲスト』の構造を大きく書き換えていることに注意すべきだろう。まず，『アルマゲスト』の各トピックをエウクレイデス『原論』で見られる命題と論証の形式におおまかに書き換え，『アルマゲスト』をある種の命題集に変形し，その『原論』化を目指したのは興味深い。（このような命題化はヨーロッパにおいて『アルマゲスト』前半をラテン語で紹介する『小アルマゲスト』で，すでに展開されていたことに注意したい。）

また，このように章構造を書き換える一方，『アルマゲスト』では大きな部分を占めた惑星モデルの幾何学量の計算と表化の部分が削除され，天文表を全く掲載しなかったのは特筆すべきである。本書第4章で述べたように，プトレマイオスは惑星経度計算の完遂を『アルマゲスト』の目標としていたため，惑星モデルの幾何学的論証を行ったあと，具体的な個別数値を使って幾何学量の大きさを計算し，計算結果を表としてまとめた。しかし『アルマゲスト綱要』では計算部分と表は紹介されなかったことから，彼らの関心の中心が惑星モデルの幾何学的論証にあったのは疑い得ない。

このようなポイアーバッハとレギオモンタヌスの尽力により，ようやくヨーロッパで『アルマゲスト』がギリシャ語から読解され，その幾何学的な成果が『アルマゲスト綱要』で提示されたといえる。まさにウィーンで天文学や数学の教育や研究が進行することで，ある種のハイアの学のラテン語化が『惑星の新理論』で行われ，その幾何学的な根拠づけを担う『アルマゲスト』の幾何学的な議論のラテン語化が『アルマゲスト綱要』で完成した。この成果を引き継いで，ある意味で『アルマゲスト』の完全なラテン語化を成し遂げたのが，地動説の提唱者として知られるコペルニクス（1473～1543）といえるかもしれない。

3　コペルニクスと太陽中心説

コペルニクスは，若年期から天文学に興味があり，クラクフ大学やパドヴァ大学で学びながら，個人的に天文学の研究を続けていた。その際，彼は『惑星の新理論』や『アルマゲスト綱要』を熟読していたと考えられる。ただし彼自身は，1503年以降，地元の司教区に戻り参事会員（司教の補佐）の業務をこなしながら一生を終えることになる。

しかしコペルニクスは1510年頃に『コメンタリオルス（小論）』を執筆し，知り合いに送っていたことが知られている。この『コメンタリオルス』で初めて表明されたのが太陽中心説（＝地動説）だった。本作品はいくつかの写本で残されているが，出版されることはなかった。

『コメンタリオルス』において，コペルニクスは既存の天文理論において想定されている天球の数の多さを批判し，最も合理的な天球構造を示すことを目指すと述べる。そのため，まず，その構造を説明するために必要な要請（＝公理）を７つ提示する。そのあと，彼は太陽中心説に基づいた地球を含めた各惑星の天球構造と運行の仕組みを説明する。その際，数学的証明は「大著」にゆだねるとして省略している。

ここで７つの要請のうちの最初の３つを挙げると以下のようになる。

要請１　あらゆる天球ないし球の単一の中心は存在しないこと。

要請２　地球の中心は宇宙の中心ではなく，重さと月の天球の中心にすぎないこと。

要請３　すべての天球はあたかもすべてのものの真中に存在するかのような太陽の周りを巡り，それゆえに，宇宙の中心は太陽の近くに存在すること。

要請1〜3で提示されているように，コペルニクスは地球を世界の中心からはずし，重さの中心としての役割のみを地球に与える。その一方で，世界の中心付近に太陽があると述べ，太陽中心説を提唱するのだった。

『コメンタリオルス』の内容を見ると，コペルニクスが本作品で天球という物体的天の構造を示そうとしているのがよくわかる。実際，要請１で「天球ないし球」と述べるように，天球は幾何学的な性質を持つ物体だというハイアの学での天球概念がしっかり受け継がれている。加えて，９つの要請を提示した後，彼がまず「天球の順序」の章から始めているのは印象的である。

『惑星の仮説』や『惑星の新理論』ではすぐに太陽に関する章から始まり諸天球の構造に関する概説は挿入されなかったのに対して，上で述べたように，ファルガーニーやイブン・ハイサムの作品では諸天球の組み立てについて述べてから諸惑星の天球の構造が述べられていた。ハイアの学の書と同様『コメンタリオルス』でも数学的な根拠づけを省略する態度をとっていることを考え合わせると，『コメンタリオルス』は『惑星の新理論』以上にハイアの学の作品としての性格が強いのは確かである。

その一方で，『コメンタリオルス』で要請をまず提示する態度は『原論』などの論証科学の枠組みを遵守しようとした数学者コペルニクスの姿勢が出ているのかもしれない。彼はヨーロッパに伝来したハイアの学の伝統下において，新たな公理を提出することで論証的な枠組みを持たせつつ，太陽中心の諸天球の仕組みを『コメンタリオルス』で提出したのだった。

他方，コペルニクスは既存の自然学を何とか維持しようと要請 2 で地球を重さの中心としているのは注目すべきだろう。彼の太陽中心説は，自然学的な意味で太陽が世界の中心にあるのではなく，太陽は世界の中心付近で静止していることを主張するのみだったといえる。

『コメンタリオルス』がヨーロッパで写本の形で流布することで，コペルニクスの天文学での名声が高まり，その太陽中心説への関心が高まった。しかしコペルニクスはその成果をなかなか公表しなかったので，その成果を出版してもらおうと若き数学教師レティクス（1514～1574）がコペルニクスを訪れ，出版の後押しをすることになった。

ヴィッテンベルク大学の教師だったレティクスは 2 年半滞在し，コペルニクスから太陽中心説を学び，1540 年，その概要を述べた『第一解説』を発表した。『第一解説』が好評を得たので，コペルニクスは最終的に『天球回転論』の出版に合意した。その結果，『天球回転論』は彼の没年である 1543 年に出版されたのだった。

『天球回転論』全 6 巻は，その章立てを見れば『アルマゲスト』に強く準拠しているのは明らかである。本作品では，『アルマゲスト』同様，まず第 1 巻で「宇宙は球である」といった天と地の基本命題を述べて，弦の大きさや球面上の弧の大きさに関する数学的な準備を行う。第 2 巻で赤道や黄道といった天球面上の基本要素を導入し，第 3 巻から第 5 巻にかけて諸惑星の経度について述べ，第 6 巻で緯度を扱う。この章立てが示すように，『天球回転論』は『アルマゲスト』の地球中心の惑星幾何学モデルの説明を丹念に太陽中心モデルへと書き直したものだった。

『天球回転論』の内容分析から，コペルニクスが本作品を執筆する際に『アルマゲスト綱要』を大いに利用したことが確かめられている。しかし彼は『天球回転論』において，『アルマゲスト綱要』ではあまり紹介されなかった天文計算の部分を省略せず，さらに新たな太陽中心モデルによる天文表を付加しているので，本作品は『アルマゲスト綱要』以上に『アルマゲスト』の記述に忠実だったのは興味深い。

他方，コペルニクス『天球回転論』はタイトルに「天球」（orbis）が付せられているように，彼が『アルマゲスト』には希薄な物体的コスモロジーを本作品で提示することに強い関心を持っていたのは疑い得ない。実際，第 1 巻で天・地の基本命題を述べる中で，第 10 章「天球の順序について」を挿入し，物体的な諸天球の組み立てを議論し，太陽中心の天球構造が最も合理的であることを示そうとする。すでに述べたように『アルマゲスト』には天球の構造を述べる章は存在しないので，この章はむしろハイアの学の伝統を受け継いでいるといえる。彼は『アルマゲスト』の惑星の幾何学モデルを素材にして，ハイアの学の伝統で成立した天球概念を使って書き換えることで，計算に耐えうる物体的な天球構造論を本作品で展開したのだった。

コペルニクス以前，物体天球論と計算天文学は分離して論じられていたが，コペルニクスは『天球回転論』で二つの伝統を融合させ『アルマゲスト』の計算天文学を太陽中心説の天球構造に基づく形で提示することに成功した。それゆえコペルニクス『天球回転論』登場こそが，ヨーロッパにおける『アルマゲスト』の完全なラテン語化の瞬間だったといえるのではないか。

しかしながら『天球回転論』は『アルマゲスト』に反し，太陽中心モデルを提唱したのは驚くべきことだろう。なぜコペルニクスが太陽中心モデルに到達したのかを考察することはあまりにも大きな課題であるため今回は踏み込むことはできない。しかし彼が調和と均斉の取れた天の構造を目指していたことは確かである。彼にとっての均斉の取れた世界とは，天球という物体が一様円運動することで成り立つもので，彼はその世界を求めて数多くのモデルの修正と計算を繰り返していた。

もちろん当時，地球の可動性を裏付ける観測は得られてはいなかった。しかしコペルニクスは太陽を中心としてモデルを組み立て計算し検討した結果，地球中心モデルに比べて太陽中心モデルのほうが彼にとって合理的なモデルを与えたのではないか。その結果，彼は自然学的な大前提だった地球中心説を破棄し，静止した太陽を中心に据えるモデルを採用したのだろう。

この一大転機は，コペルニクスが物体的な天の構造に関する考察とモデルを使った計算の両方を繰り返すことで到達したのは間違いない。実際，『天球回転論』において彼は太陽中心で組み立てた諸天球モデルの整合性を第 3 巻以降の大量の幾何学的考察と計算によって示そうとしたことは注目すべきだろう。

惑星の幾何学モデルを組み立て，天文現象に従ってモデルを修正しながらより良い幾何学モデルを提案するという数学的自然学＝天文学研究は，すでにプトレマイオスが『アルマゲスト』で行っていた。コペルニクスは『アルマゲスト』での数学的モデル構築法をしっかり身に付け，ヨーロッパにおいてハイアの学が受容され展開した物体天球論にその構築法を適用することで，物体的で数学的な惑星モデルの探究を可能にしたといえる。数学者コペルニクスが数学的自然学としてのプトレマイオス惑星モデルの物体的考察を幾何学的・数学的に深めることで，自然学的な前提を乗り越え，数学的な統一性を最重要視する新たなコスモロジーを採用したのは興味深い。

コペルニクスは科学革命の先駆けを飾る人物としてしばしば取り上げられる。たしかに，それまでは現実の物体はアリストテレス自然学に沿って質的に考察されてきたが，コペルニクス以後，物体を扱う際にその物体を基にした数学的なモデルを考察対象として量的・数学的にアプローチすることで物体の挙動を明らかにしようとする数学者たちがヨーロッパに登場するようになった。

そもそもコペルニクスの頃，幾何学的物体モデルの考察がハイアの学とそれを受容したヨーロッパにおいて深められ，プトレマイオス『アルマゲスト』の内容が十分に読解されたからこそ，コペルニクスは両者を融合させて数学モデルの考察を武器に現実の天の構造の解明に着手できたといえる。このような数学的な考察を前面に押し出し，アリストテレス自然学の枠組みを超えようとした数学者たちがいわゆる科学革命を担ったことに気づく。そこで，次章でコペルニクスの太陽中心説提出後，数学的考察によって天球という物体を破棄したティコ・ブラーエとケプラーを取り上げたい。

学習課題

○天球概念がどのようにヨーロッパに定着したのか，考えてみよう。
○いかにしてコペルニクス『天球回転論』において計算天文学と物体天球論が融合したのか，考えてみよう。

参考文献

高橋憲一『完訳天球回転論－コペルニクス天文学集成』（新装版，みすず書房，2023 年）
高橋憲一訳『天球回転論－付レティクス『第一解説』』（講談社学術文庫，2023 年）
高橋憲一『コペルニクス』（ちくまプリマー新書，2020 年）
Rivka Feldhay and F. Jamil Ragep eds., *Before Copernicus*（McGill-Queen Univ, 2017）
Y. Tzvi Langermann, *Ibn al-Haytham's On the Configuration of the World*（Reprint version, Routledge, 2016）
Edward Grant, *A Source Book in Medieval Science*（Harvard University Press, 1974）

12 数学による天球の否定－ティコ・ブラーエからケプラーへ

《目標＆ポイント》 新たな数学的自然学を推進したコペルニクスによって提唱された太陽中心説は，ヨーロッパに大きな混乱をもたらした。しかしコペルニクスの数学的整合性を天の構造に求める姿勢は受け継がれた。特にティコによって天球の打破が行われ，ティコの観測データを駆使してケプラーが楕円軌道モデルを着想し，いわゆるケプラーの３法則を提唱するに至ったのは新たな数学的自然学の次のステップといえるものだった。そこでティコとケプラーによる天球のない世界像の展開と数学的思考の関係性を考えたい。
《キーワード》 ティコ・ブラーエ，彗星，視差，ティコ体系，ケプラー，『宇宙の神秘』，『新天文学』

---

1 ティコ・ブラーエと天球のない世界

前章において述べたように，ヨーロッパでは，イスラーム文化圏で展開したハイアの学が受容され，物体天球論が定着した一方，ポイアーバッハとレギオモンタヌスによる『アルマゲスト綱要』の出版でプトレマイオス『アルマゲスト』の理解が急激にすすんだ。こういった状況下で物体天球論を基礎として計算天文学を用いてより数学的に均斉の取れた天球構造を試行錯誤したコペルニクスが到達したのが太陽中心説だった。

もちろんコペルニクスは太陽中心モデルが実際の天の構造を示していると考えていた。モデルにかかわる膨大な計算結果でその整合性は充分に与えられたとみなしていたからこそ，彼はアリストテレス自然学から大きく逸脱した太陽中心説を最終的に出版したといえる。

しかし太陽中心説による天球構造が詳述された『天球回転論』が発表されてから，コペルニクスの天球モデルをどうとらえるべきかでヨーロッパの学者たちの間に混乱が生じた。そもそも『天球回転論』の出版を請け負った神学者オジアンダー（1622～1697）は，出版に際し，自身が匿名で執筆した「読者へ　この著述の諸仮説について」を巻頭に挿入して，コペルニクスのモデルはあくまで数学的虚構であって実際の天の構造を示すものではなく，惑星位置計算用の道具として用いるべきであると注記していることは注目すべきだろう。やはり当時，コペルニクスの論述だけでは，地球を中心にすえるアリストテレス自然学の世界観を完全に破棄することに多くの人々が納得できてはいなかったことがわかる。

一方，コペルニクスが『アルマゲスト』の計算天文学を完全に太陽中心化した結果，当時の人々が計算道具としての彼のモデルの価値を認めざるを得なくなっていたのは見逃せない。実際，太陽中心説モデルを現実の天の構造として認めないと公言したヴィッテンベルク大学の数学教授エラスムス・ラインホルト（1511～1553）は1551年にコペルニクスの惑星モデルに基づく計算結果を利用して新たな天文表『プロシア表』を出版した。

他方，当時，コペルニクス・モデルはプトレマイオス・モデルに比べて天が巨大化してしまうことが問題視されていた。そもそもプトレマイオス以降の天球構造論では，アリストテレス自然学に従って真空を避けるため，天球間に隙間がないように，ある惑星の地球からの最大距離がその上にある惑星の地球からの最小距離と仮定して惑星構造を組み立てた結果，天は隙間のない天球による入れ子状構造で表現できた。一方，コペルニクスは惑星の公転周期と惑星の天球の大きさを比例させた結果，土星天球と恒星天球の間に巨大な隙間ができてしまった。

このように，コペルニクスは数値計算を繰り返し数学的に精緻なモデルを追求した結果，さまざまな観点でアリストテレス自然学の枠組みから逸脱してしまった。しかしコペルニクスのように，数学の力を使ってアリストテレス自然学に穴をあけることになる数学者たちがヨーロッパで登場することになる。その一人がコペルニクスの次世代を飾るティコ・ブラーエ（1546〜1601）だった。

ティコ・ブラーエはデンマーク貴族の家系出身で，ライプツィッヒ大学などで法学を学びながら，個人的に天文学研究を行っていた。1570年に莫大な資産を相続し，天文観測のための場所を持ち天文観測を始めた。1572年，今まで観測されていなかった場所に星のようなものを発見し，その「新星」が天上界の存在（天体）なのかどうかを決定するために継続して天文観測を行うことになった。

1575年，ティコはデンマーク王フレデリク2世（1534〜1588）からヴェン島をもらい受け，同時に研究資金を獲得した。そこで彼は島に大きな観測台を建設することで，大規模で経年的な天体観測を開始した。すると1577年，彼は新星の存在を確定するための観測中，彗星の観測に成功した。

アリストテレス自然学では，彗星は直線に運動するため，直線運動を引き起こす四元素からなる月下界（地上界）の物体だと考えられてきた。経年観測を行っていたティコは彗星を発見した際，彗星の地球からの距離を知るため，その視差を観測しようとした。

視差とは（図12－1参照），彗星Gがなす弧BK＝角θを指す。彗星を精密に観測することで視差を決定し，HGとEGを求めれば地球からの距離が得られると考えられていた。月は地球に近かったため視差が観測でき，実際の距離が計算可能だった。もちろんある物体が地球からの距離が離れてしまうと，その視差は検出できないことも理解できるだろう。

しかしヴェン島で彗星の視差観測を遂行したティコは，その視差が検出できないことを確認した。この結果は彗星が月よりも遠くにあることを示すので，彼は彗星が天体であることを証明できたのだった。

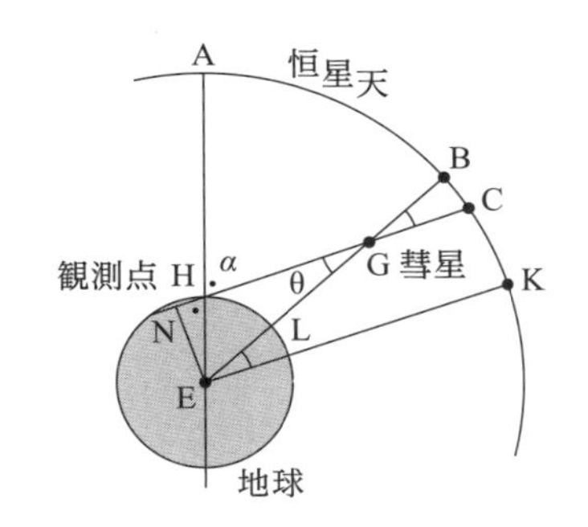

図12－1　視差のしくみ

彗星の天体性はティコに大きな影響を与えた。それまでコペルニクスも含めて諸天球で占められたコスモロジーが共有されていた。しかし彗星が天体として存在するということは，天球間を直線運動で通過してしまう天体を考えなければならない。それゆえティコは，そもそも天球の存在を前提にすることを破棄し，天球のない天の構造を考え始めた。

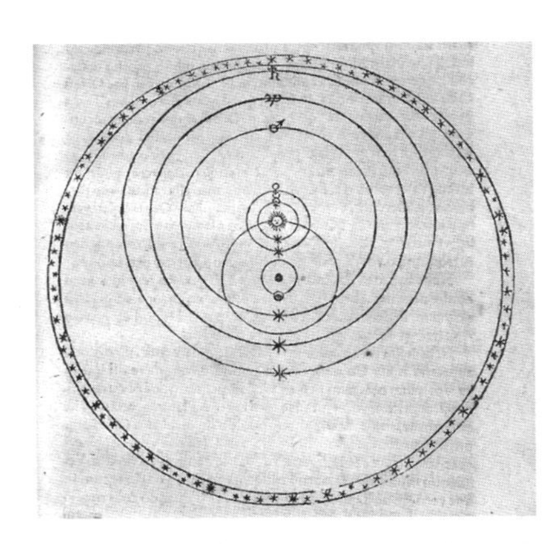

図12－2『エーテル界の最新の現象について』におけるティコ体系

1588年，ティコは新たな天の構造を『エーテル界の最新の現象について』で発表した。そこで提唱された「ティコ体系」と呼ばれるモデル（図12－2参照）は，地球と太陽の両方を中心とした惑星軌道から成り立っていた。このモデルは太陽と地球の両方を中心としているので，ある意味でコペルニクス・モデルとプトレマイオス・モデルを折衷したものに見える。しかし，図12－2が示す通り，ティコ体系では，地球の周りの惑星の軌道と太陽の周りの惑星の軌道が交差していることに気づく。

プトレマイオスやコペルニクスにとって，天球は物体であり天球が交差した世界はあり得なかった。しかしティコは彗星という天体の確定により，天球などといった物体は存在せず，惑星は何らかの存在の周りを回転している物体だと考えるようになった。そのため彼のモデルにおいて惑星軌道が交差しても何の支障もなかった。

たしかにティコ体系は既存の地球中心説を温存しているため，完全な太陽中心説に踏み出したコペルニクス説には劣る印象を我々は持つかもしれない。しかし太陽中心を裏付ける観測のない当時，ティコによる天球の排除は，アリストテレス自然学に基づくコスモロジーを大きく書き換えるものとして，コペルニクス説と同様のインパクトを当時の人々に与えたのではないか。

数学者コペルニクスが数学の力を使ってアリストテレス自然学の枠を打ち破ろうとしたように，ティコによる経年観測に基づく惑星位置の量的決定に導かれた天球の破棄は，まさにコペルニクス以後の新たな数学的自然学の最初期の動きのひとつだった。コペルニクスは物体的でありかつ幾何学的な天球モデルを使って惑星位置計算を繰り返すことでそのモデルに整合性を持たせようとした一方，ティコは大規模な天文観測によって新たな数学的な経験を作り出し，その経験に基づいて計算を遂行し彗星の天体性を確定することで，質的に物体を考察してきたアリストテレス自然学の前提を拒否し，数学の力で天球のない新たな世界観を生み出したといえる。このティコの作った流れをまさに受け継いで，さらなる一歩を踏み出したのがヨハネス・ケプラー（1571〜1630）だった。

2　ケプラーによる楕円軌道論

1589 年，ケプラーは聖職者を目指してチュービンゲン大学に入学した。そこにおいて彼はメストリンの講義を通じてコペルニクスの太陽中心説に触れ，その正しさを確信し数学や天文学の研究に関心を持つようになった。

その後，1593 年，ケプラーはグラーツ州立学校の数学教師として赴任し，数学と天文学を教え始めた。そのさなか，1596 年，彼はコペルニクス・モデルの正しさを五つの正多面体の組み合わせで説明しようとする『宇宙の神秘』（正確には『宇宙誌的な神秘』）を出版した。

『宇宙の神秘』でケプラーは，第 1 章「いかなる理由でコペルニクスの諸仮説は正しいのかとコペルニクスの諸仮説の解説」においてプトレマイオス説とコペルニクス説を比較する。その比較を通じて，彼は以下のようにコペルニクス説の正しさを明言する。（なお引用中の「現象」は原文ではギリシャ語表記であることに注意されたい。）

> それら〔コペルニクスの諸原理〕によって〔大部分の現象の理由〕が説明されるので，古人たちに知り得なかった大部分の現象の理由を絶えず与えるコペルニクスの諸原理が間違っているわけがない。

『宇宙の神秘』第 1 章でコペルニクス説が正しいことを確認した後，ケプラーは第 2 章以降で天がコペルニクスの述べた構造を取るに至った原因を模索する。その際，彼はプラトン立体ともいわれる 5 つの正多面体に着目する。

プラトンは『ティマイオス』において正四面体，正六面体，正八面体，正十二面体，正二十面体を使って世界の組成を描写しているため，プラトンと正多面体は強い結びつきを持って語られるようになった。ケプラーは，このプラトンのコスモロジーに基礎を置くような形で，惑星と惑星との間に正多面体が挟まる独自のモデルを提案した（図 12 － 3 を参

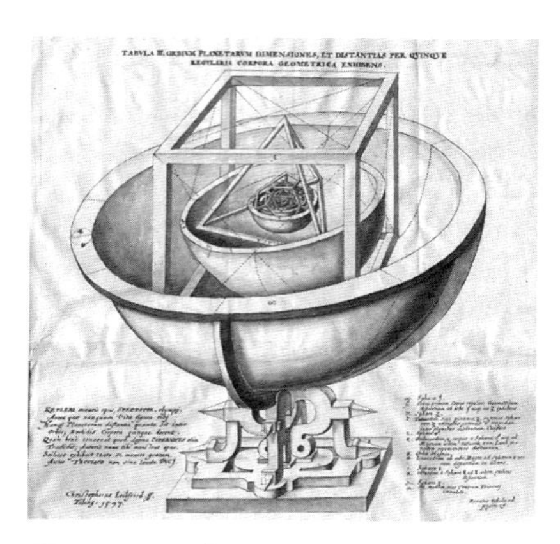

図 12 − 3 『宇宙の神秘』における正多面体宇宙像

照)。この正多面体モデルにおいて，ケプラーは，正多面体の辺の長さを調整してコペルニクスの与える各惑星の天球の大きさに合わせようと尽力し，コペルニクス・モデルのおおよその再現に成功した。

図 12 − 3で描写されたケプラーのモデルは，我々には無根拠なものに映るのは仕方のないことかもしれない。しかし『宇宙の神秘』第 2 章「第一の論証の概要」で，神は宇宙を最高最善に創造したとケプラーが強調しているように，そもそも彼にとって天は神の創造物だった。さらに，その際，神は幾何学を駆使して世界を構造したと彼は考えていた。

実際，第 2 章で，ケプラーは天がなぜ正多面体の組み合わせでできているのかを説明する際，以下のように述べている。(なお引用中の「神はつねに幾何学をしている」の箇所は，原文においてギリシャ語のままで引用されている。ただしこの言葉はプラトンの著作にはなく，プルタルコス『食卓歓談集』にプラトンの言葉として言及されているものであることに注意されたい。)

> 我々がプラトンとともに「神はつねに幾何学をしている」と言う以外に何が残っているのか？

ケプラーにとって，神が幾何学的に宇宙を創造したという事実はプラトンにも共有されている見解だった。

もちろんケプラーの神はキリスト教の神であって，プラトンが想定していたと考えられる「神」ではない。しかしプラトンも『ティマイオス』で神的なデミウルゴスが作ったプラトン立体による世界構造を提示していることを踏まえれば，キリスト教の神が幾何学を駆使して正多面体の組み合わせによって世界を組み立てたとみなすのは，ケプラーにとって十分整合的だったのだろう。神が作ったとされる幾何学的正多面体モデルの整合性を示す根拠として，彼はプラトンに帰せられた言葉「神はつねに幾何学をしている」をギリシャ語で引用したといえる。

神の御業を知りたかったケプラーにとって，コペルニクス・モデルを幾何学で説明できたことは，幾何学者＝数学者たる神の行為を知るきっかけになったのではないか。だからこそ『宇宙の神秘』での一見荒唐無稽なモデリングは，彼にとって生涯を通じて重要な作業となった。

さてケプラーは『宇宙の神秘』を出版し，多くの著名な学者たちに送付する中，それを受け取った一人であるティコがケプラーの才能に興味を持つことになった。その結果，1600年，ティコの招きに応じてケプラーは彼の助手となった。しかし1601年，ティコが急死した後，ケプラーはティコの残した大量の観測データを引継ぎ，そのデータを基に，1609年，全く新たな天のモデルを『新天文学』で発表した。

『新天文学』（原タイトル『ティコ・ブラーエ卿の諸観測により火星の運動についての注釈で述べられた，原因が探究された新天文学もしくは天の自然学』，なお「原因が探究された」の部分はギリシャ語で表記）で，ケプラーは火星の運動を主要なケースとして扱いつつ，ティコの残した大量の観測データを基に惑星の軌道運動計算を何度も繰り返すことで，驚くべきことに天体の楕円軌道運動を提案した。本作品は，いわゆるケプラーの3法則のうちの最初の2つが述べられたことで著名かもしれない。

『新天文学』においてケプラーは，第１部「諸仮説の比較について」でコペルニクス・モデルやプトレマイオス・モデルを比較する。その途上で彼がポイアーバッハにも言及しているのは興味深い。実際，第１部第２章「離心円と同心・周転円の第一で単純な等価性とそれらの自然学的な原因について」でケプラーはポイアーバッハ『惑星の新理論』の物体天球論を紹介しているので，彼も物体的な天構造に興味を持ち，「天の自然学」と題された『新天文学』を書いたのは間違いない。しかしポイアーバッハの天球論に触れた後，彼はティコによる天球の打破に触れ，惑星運動について以下のように結論する。

> それゆえ，鳥が大気中にいるように，惑星は純粋なるエーテル中で自らの軌道を描く。

この結論から，ティコによる発見を十分に理解していたケプラーが天球のない世界での惑星という物体の運動を考察する必要に迫られ，本作品でその解答を与えようとしたことがわかる。

そこで『新天文学』第２部「古人のモデルに基づいた火星の第一不等性〔＝不規則性〕について」以降，ケプラーはティコの膨大な惑星位置に関するデータを利用しながら既存の惑星円運動モデルを再検討する。その際，コペルニクスの太陽中心説を採用した彼にとって，考察の基礎となる唯一のデータは，太陽と惑星との間の距離だったことに注意すべきだろう。実際，彼が示すべき惑星の運動の特徴は，惑星が時には太陽に近づき，時には離れるという現象をみたすモデルを考案することになった。その結果，第３部「第二の不等性すなわち太陽もしくは地球の運動の研究」第32章「惑星を円運動させる力は源泉から離れると弱まること」で，彼は，プトレマイオスがエカントを使って示そうとした惑星の不規則運動を再解釈する。

プトレマイオスは『アルマゲスト』で惑星の速度変化を説明するために，地球ではない点を中心とする円（離心円の導円）上を，周転円が導円の中心を挟んで地球とは反対側にある点（エカント）の周りで一定の速度で回転していると考えることで，地球から見た惑星の速度の不規則性を説明しようとした。このエカントで説明しようとされた不規則変化を，ケプラーは『新天文学』第 3 部第 32 章で太陽・惑星関係のみを考える新たな惑星運動観から再解釈しなおし，第 33 章「惑星を動かす力は太陽体にあること」冒頭で，エカントによる説明を「惑星が世界の中心として想定されているその点から遠く離れるほど，その点を巡ってその〔惑星〕を動かすことが弱くなる」と再定式化している。そのうえで彼は，第 33 章以降，この再定式の根拠として，太陽という光体が惑星に光を通じて力を与えているため，太陽からの惑星の距離が大きくなるに従って力が弱くなるという自然学的な原因論を展開する。

さらに，ケプラーは，自然学的な考察を終えて，第 3 部の最終章である第 40 章「自然学的仮説から差を計算する不完全な方法－ただし太陽もしくは地球の理論には充分である」で，この再定式を数学的に以下のように書き直す。（この法則を以下「距離法則」と呼ぶ。）

> 離心円の等しい諸部分〔＝弧〕での惑星の遅れ〔＝時間〕それぞれは，それら〔の弧〕の〔太陽の中心からの〕距離の比にある。

この定式化において，惑星が一定距離を動く際に必要な所要時間は太陽からの距離に比例することを彼が示しているのは明白である。

その一方で，ケプラーにとって太陽は軌道（離心円）の中心からずれて位置しているので，『新天文学』第 3 部第 40 章において，彼は太陽からの惑星の距離がたえず変動するため，この比例関係を数学的に扱うことは非常に難しいと告白する。そこで彼は，新たな数学的な探究を開始し，太陽と惑星との距離の総和を考察することで，その困難を乗り越えようとする。

まずケプラーは，離心円を360に分割する（図12－4と図12－5を参照）。その際，宇宙の中心Bを基準として同じ小さな部分（例えば弧CG）を持つ扇形（例えばBCG）で分割されているとすれば，惑星が一定の弧を移動する際，惑星が中心Bとなす距離の総和は扇形の大きさで示すことができると彼は考えた。

このようにケプラーは距離の総和を考えることで「距離法則」を以下のように書き換えた。（この法則を以下「面積法則」と呼ぶ。）

> 移動する惑星の太陽からの距離の総和（＝扇形の大きさ）は，総移動時間距離（＝弧の大きさ）に比例する。

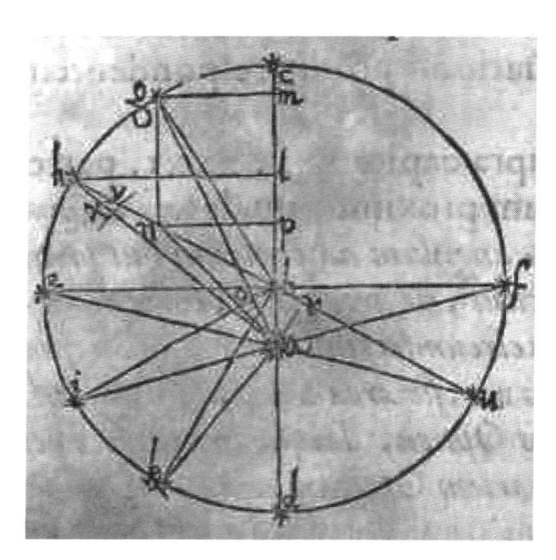

図12－4 『新天文学』第40章の図のひとつ

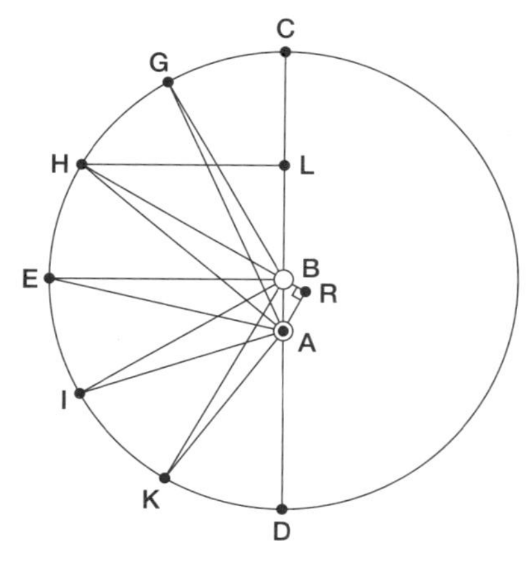

図12－5 図12－4を書き直したもの

これはまさにケプラーの第2法則（惑星と太陽を結ぶ線分が単位時間に描く面積は一定である）に相当する。彼にとってこの法則の根拠は太陽という光体が放つ光のもつ性質だった。しかし，その性質で定式化された「距離法則」が数学的に扱いにくいため，彼は距離の総和を使って「面積法則」に変換して，この法則を考察の対象にすることになった。

しかしケプラーは離心モデルで太陽（図12－5のA）から惑星の距離に基づいて距離の総和を考える際に，宇宙の中心（図12－5のB）から考えるのに比べて困難であることに気づく。実際，円の中心を基準に円は同じ弧を持つ扇型に等分割できるが，中心からずれた太陽を基準にすると，同じ大きさに弧に分割しても，出来上がる扇型の大きさはそれぞれ異なり，円は等分割されない。

そこで太陽や世界の中心からの惑星の距離の総和を比べるために，ケプラーは，太陽や世界の中心からの惑星の距離で円を無際限に分割し，距離を積み重ねることで，図12－6を示す。図12－6（および図12－7）において，彼は，世界の中心からの惑星の距離の総和を長方形B…BDCで示し，太陽からの惑星の距離の総和を曲線A…Aで囲まれた図形A…ADCで示す。そのうえで，（図12－7のaとbで示されるように）彼は，離心円と同じ大きさのはずの長方形の大きさと曲線で囲まれた図形の大きさが異なることに気づく。

それゆえ長方形と曲線図形との間の差の原因をケプラーは第4部「自然学的な原因と独自の見解による第一の不等性の真の尺度の探究」以降で考察することになった。その際，彼は円軌道を保持して何とかその差を説明しようとしたが，最終的にはうまくいかなかった。その結果，彼は，驚くべきことに惑星の円軌道を破棄し，楕円軌道（いわゆるケプラーの第1法則）を提案した。まさに彼は，太陽と惑星の距離という，軌道面を無際限に分割したある種の「無限小部分」を使って面積法則を成り立

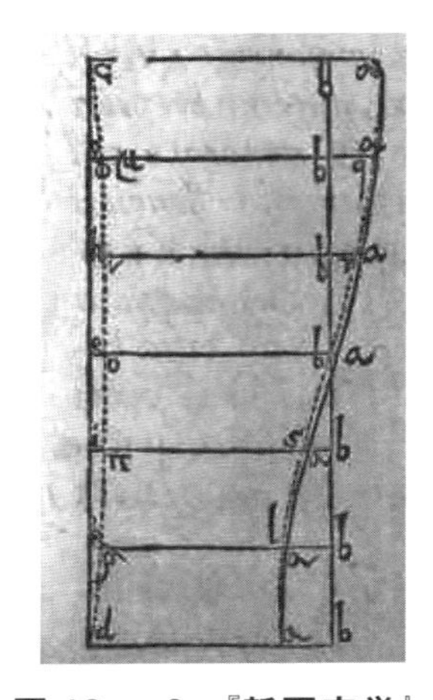

図 12 − 6 『新天文学』第 40 章の図のひとつ

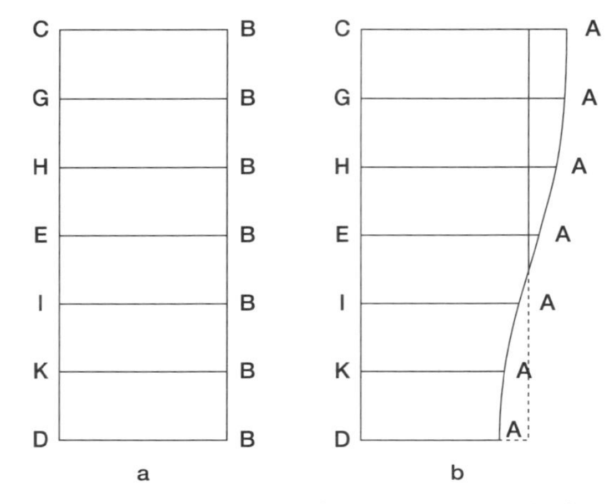

図 12 − 7 図 12 − 6 を二つに分割した場合

たせる軌道を考察した結果，楕円軌道にたどり着いたのだった。

ここで指摘すべきは，そもそも，ある図形を無際限に分割した距離＝線を積み重ねることで，その図形と同じ大きさの幾何学図形を得ることができるのかどうかということ自体，当時，厳密には論証されていなかったということである。実際，本書第 10 章で紹介したように，自然学者たちは現実の物体は可分的であると考えており，無限小な部分はあり得なかった。

しかし天球のない太陽中心世界説を保持してケプラーは，太陽から惑星の距離しか頼れるデータがなかったため，その距離を使って惑星運動の性質を解明しようと努力した。その結果，まだ十分には論証されていなかった「無限小部分」としての距離を使った考察を大胆にも進め，「距離の総和」という道具を使って惑星運動の法則の意味を考えることになったといえる。

以上，『新天文学』におけるケプラーの楕円軌道論成立をたどることで，彼がいかにして面積法則を着想し，その先に楕円軌道を提唱するに至ったのかを見ることができた。コペルニクスの太陽中心論を支持する一方，ティコによって明らかにされた天球のない世界を認めていた彼は，古代から知られていたエカントによって説明されてきた不規則性を，太陽・惑星間距離を使って距離法則として書き直した。しかしこの法則が数学的に扱いづらかったため，距離というある種の「無限小量」を使って面積法則に変換したのだった。そこで彼は，円軌道を基準にして太陽からの距離で軌道面の大きさを考えた場合と円の中心からの距離で考えた場合の相違の原因を考察し，面積法則を成立させる軌道の形を探究した結果，楕円軌道にたどり着いた。このように，彼は，ティコの観測結果という新たな数学的経験を使って，無限小量のようなものを駆使し，数学の力を使ってアリストテレス自然学の大前提の一つである天体の円運動を打破した。まさに『新天文学』は，コペルニクス『天球回転論』同様，当時の新たな数学的自然学の一大成果だった。

『新天文学』発表後も，ケプラーは惑星運動の考察を続け，1619年，『世界のハルモニア論』においていわゆるケプラーの第3法則（周期は平均距離の $\frac{3}{2}$ 乗に比例する）を提唱した。これ以降，『新天文学』で提唱された2つの法則とともに，この3つの法則が「ケプラーの3法則」として知られるようになった。

さて『新天文学』におけるケプラーによる量の取り扱いに注目するならば，彼がいわゆる第1法則と第2法則を着想した基盤に無限小量としての距離＝線があったのは明らかである。『新天文学』第3部第40章で彼が未だ厳密な議論が完了していな無限小量の概念を使おうとしたきっかけとしてアルキメデスに言及しているのは興味深い。本書第3章で述べたように，アルキメデスは機械学と称して，幾何学量を細分化し，大きさを比較することで，その大きさを決定していた。本書第 9・10 章で言及したように，アルキメデスの著作は 12 世紀ルネサンス期にアラビア語訳から翻訳される一方，メルベクのギヨームによってギリシャ語から翻訳され，ヨーロッパに伝来していた。そのアルキメデスの機械学的な物体操作がヨーロッパでも知られるようになり，実際にケプラーは利用して，驚くべき成果を上げたともいえる。

『新天文学』でケプラーがアルキメデス機械学に着想を得て展開した面積決定法は，その理論的な不安定さを伴っているとはいえ，ヨーロッパにおける積分法の萌芽だった。実は，アルキメデス機械学を厳密に検討し，アリストテレス自然学の様々な前提を打ち破る数学的自然学の成果を上げたのが，ケプラーのほぼ同時代人だったガリレオ・ガリレイ（1564〜1642）だった。そこで，次章でガリレオを取り上げ，特に彼の数学的自然学を考えたい。

学習課題

○なぜティコは天球のない世界像を提唱するに至ったのか，考えてみよう。

○ケプラーはいかにして距離法則を数学的に扱えるようにしたのか，考えてみよう。

参考文献

大槻真一郎，岸本良彦訳『ヨハネス・ケプラー　宇宙の神秘―五つの正立体による宇宙形状誌』（新装版，工作舎，2009年）

岸本良彦訳『ヨハネス・ケプラー　新天文学―楕円軌道の発見』（工作舎，2013年）

山本義隆『世界の見方の転換3　世界の一元化と天文学の改革』（みすず書房，2014年）

原亨吉『近世の数学近世の数学―無限概念をめぐって』（ちくま学芸文庫，2013年）

Bruce Stephenson, *Kepler's Physical Astronomy*（Springer, 1987）

13 ガリレオと新たな数学的自然学としての運動論

《目標＆ポイント》 ケプラーと同様，神による幾何学的世界の創造という見方を推し進めたガリレオは，アルキメデスの機械学を駆使して斜面の運動を数学的に定式化することに成功した。そこでガリレオの運動論を見ることで，ガリレオが機械学から出発して新たな数学的自然学をいかにして組み立てたのかを考えたい。
《キーワード》 ガリレオ，アルキメデス機械学，『運動について』，『天文対話』，宗教裁判，『新科学論議』

---

1 ガリレオとアルキメデス機械学

前章で，コペルニクス以降の新たな数学的自然学の動きとして，天文観測に基づく数値計算を基礎としたティコによる天球という物体の破棄と，ケプラーによる天球のない世界における惑星円運動の破棄をみた。その際，とりわけケプラー自身，『宇宙の神秘』で神が幾何学者であることを強調し，幾何学的な世界のモデリングの正しさに自信を持っていたのは興味深い。神という当時のヨーロッパにとって絶対的な存在こそが数学的モデリングの実在性の根拠の源だった。この幾何学的世界創造を公言したのはケプラーだけではなかった。ガリレオ・ガリレイも神による数学的な世界創造を公言し，新たな数学的自然学を推進した。

ガリレオ・ガリレイ（1564～1642）は，1581年，ピサ大学に入学した。当初，彼は医学部に進んだが数学に興味を持つことになり，結局医学部を修了することはなかった。

大学在学中に，ガリレオはエウクレイデスの著作やアルキメデスの著作に関心を持ち，とりわけアルキメデス『平面のつり合いについて』に熱心に取り組んだことが知られている。実際，1586年に彼が書き残した最初の作品『小天秤―それによって王冠の問題におけるアルキメデスに倣い，2つの金属の混合比を見出す方法が示される―およびその道具の製作』では，アルキメデスに従って天秤を駆使して金属の混合比を求める方法が述べられている。（なお『小天秤』は彼の生前には出版されず，1644年に没後出版された。）

その後，1589年，ガリレオはピサ大学の数学教師となる一方，アルキメデス研究を独自に続けた。その研究結果は，1590年頃に編まれたとされる『運動について』に書き留められている。

『運動について』は手稿で残されており，そこにおいてガリレオは，物体の落下運動，斜面での降下運動，投射体を扱っている。その成果は，のちに『新科学論議』などで公表される彼の物体運動論の端緒となるようなものだった。

例えば，『運動について』「〔第14〕章―そこで異なる斜面上を動く同一運動体の運動の〔速さの〕比について論じられる」で，彼は斜面での物体の速さの問題を扱っている。（ただし『運動について』では章番号を与えられておらず，この章番号は現代の研究者たちによるものであることに注意いただきたい。）この章では，その後の彼の運動論の基盤をなす斜面での運動に関する考察を与えてくれる。

ガリレオは第14章でこの問題を考えるために，天秤を想定し運動体の重さの変化を考える。具体的には、図13－1のように天秤cdを考え，点cにおもりがあり点dに運動体がありつり合っているとする。そこでsからcdにおろした垂線の足をpとすると，天秤の腕の長さがca＞apなので，天秤のつり合いより，運動体が点dにある時よりも点s

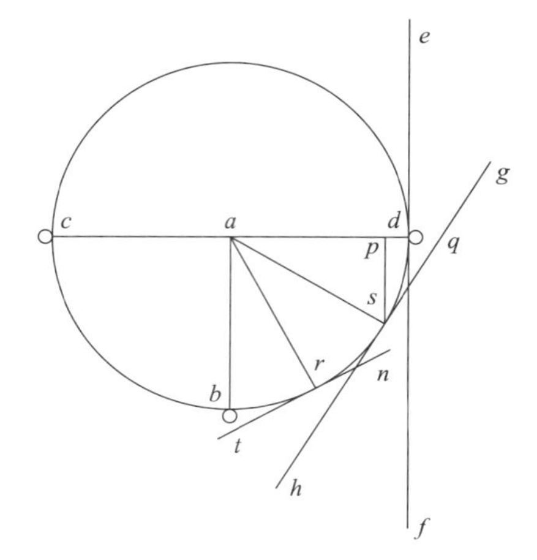

図 13 ― 1 『運動について』命題 14 に付けられた図

にある時の方が軽いことがわかる。同様に，運動体が点 s にある時よりも点 r にある時の方が軽いこともわかる。ゆえに，運動体が線 ef にある時よりも線 gh にある時の方が軽く，線 gh にある時よりも線 nt にある時の方が軽いことになる。その結果，運動体は傾きが gh に沿う場合よりも ef に沿う場合により大きな力で動き，そして nt に沿う場合よりも gh に沿う場合の方がより大きな力で下降すると結論付ける。

この天秤での考察を踏まえ，ガリレオは，運動体の重さ＝下降の力は天秤の腕の長さに比例するとし，斜面 ef での運動体の下降の力と斜面 gh での運動体の下降の力の比は，線 da と線 ap の比と同一であると述べる。さらに線 ad を延長して線 gh との交点を q とすると，幾何学上の関係から ad と ap の比は qs と sp の比に等しい。それゆえ，彼は，斜面 ef での運動体の下降の力と斜面 gh での運動体の下降の力の比は，qs と sp の比に等しいと結論する。

このようにガリレオは，異なる斜面上の運動体という幾何学では考察の難しい対象を，天秤を導入することで運動体の運動を斜面の長さと高さの数学的関係に定式化することを可能にした。興味深いことに，この説明を終えてから，彼は，この考察がアルキメデスの『パラボラの求積』に着想を得ていることを公言している。本書第 3 章で述べたように，アルキメデスは天秤を想定して片方にパラボラをつるし，もう片方にパラボラの諸部分に対応する長方形をつるして，最終的にパラボラの大きさを決定していた。その際，アルキメデスは「大きさは重さに等しい」という原理を前提することで，天秤での考察を可能にしたのだった。

ガリレオは天秤を利用して，アルキメデスは行わなかった斜面上の物体の運動を考察することを可能にしたのは驚くべきことである。アルキメデスはあくまで静止した物体の重さ＝大きさを考察したが，ガリレオはスナップショットした異なる斜面を下降する物体の状態を天秤で比べることで，幾何学では捉えきれなかった斜面での物体運動を天秤の学＝機械学で数学化することができたのだった。

やはりガリレオにとって，アルキメデス機械学での考察が彼の学問の出発点にあった。いや天秤を使ってアルキメデスが立体や平面図形の大きさを決定することで我々に与えた驚きを，ガリレオは同じ道具を使って運動論という別の分野で与えたのではないか。やはり彼はアルキメデスの著作を十分に読解したからこそ，天秤を武器にアルキメデスとは違った方向性で機械学を展開できたといえる。

さてガリレオは『運動について』第14章において，以上で紹介した天秤での思索を踏まえて，最終的に斜面での運動体に関する考察を数学的に書き直した。すなわち，彼は，図13－2を使って今までの議論を，高さが同じで傾きの異なる2つの斜面上の下降運動の速さはそれらの斜面の長さに比例すると定式化した。まさに彼は，天秤の考察をきっかけとしつつ，最終的に天秤を取

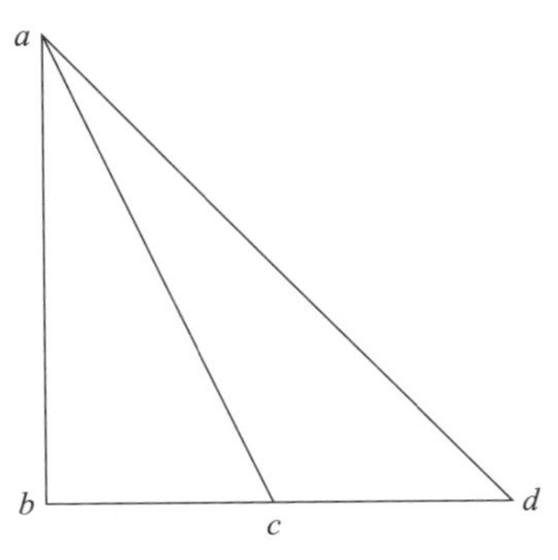

図13－2『運動について』命題14に付けられた図

り払い，斜面のみの考察に移行したことがわかる。

ここでガリレオが質的に語られてきた運動の性質を数学的に定式化できたことは興味深い。前章で述べたケプラーがエカントの法則を数学化したように，当時，数学者たちは自然現象を数学的に記述することで新たな数学的自然学を目指していた。

しかし注意すべきは，あくまでここでのガリレオの議論の出発は秤の学＝機械学であり，その法則は数学的に論証されたわけではなかった。アルキメデスが最終的に数学的論証を目指したように，ガリレオも機械学的に示した法則の数学的論証を探究することになった。実際，『運動について』での数学的な定式化を突破口として，彼は物体運動を斜面での数学問題として生涯をかけて研究し，彼の最後の著作『新科学論議』でそれらの運動に関する諸法則が数学的に論証されることになった。

さて1592年，ガリレオはパドヴァ大学に移籍し，その数学教授となった。場所を移動しても，彼は運動研究を継続していた。実際，彼が1602年に書いたグィドバルド・デル・モンテ（1545～1607）に宛てた書簡において，振子の等時性が記されている。

トスカナ大公国の要塞監察官のグィドバルド・デル・モンテはパドヴァ大学へのガリレオの移籍を積極的に支援した人物の一人で，いわばガリレオのパトロンのような存在だった。ガリレオはしばしば彼と書簡のやり取りを行っていたようで，その一つの1602年の書簡において，ガリレオは振子の実験を伝えている。

この書簡で，ガリレオは，振子を作って大きな往復と小さな往復を500回，1000回と繰り返して，大きな往復と小さな往復が同じ時間しかかからないことを裏付ける。まさに振子の等時性の発見を書簡で明言していることがわかる。

さらにガリレオは，この書簡で，振子の等時性という法則を書き換えようとする。彼は図13－3を使って，振り子の等時性とは，同じ運動体がおなじ瞬間にB，C，D，E，Fを出発しておなじ瞬間にAに到達することであるため，運動体がBA，CA，DA，EA，FAを等しい時間で落下することだと定式化する。

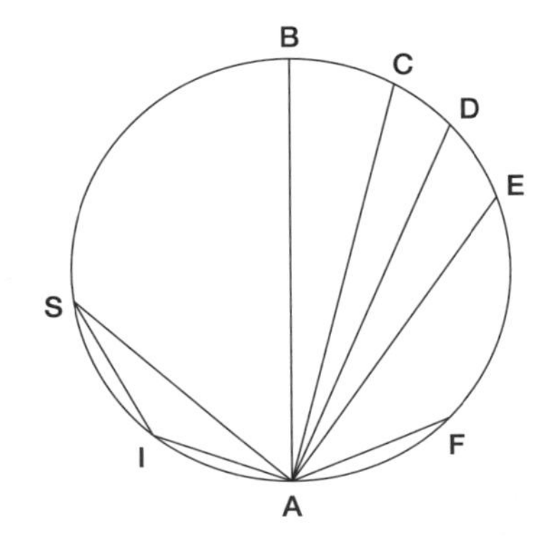

図13－3　グィドバルド・デル・モンテ書簡における図

ここでもガリレオは振り子の等時性という法則を数学の用語で定式化しようとしていた。さらにその際，斜面での運動を出発しているのは興味深い。『運動について』で斜面の運動の説明に成功したため，彼は，斜面の運動を振り子の運動に拡張しようとしたのだろう。

ここで注目すべきは，ガリレオがこの法則を機械学で証明したと述べていることである。この書簡には証明が記載されていないためその詳細は分からないが，彼は当時，運動に関する法則を機械学的に示そうと研究を進めていたことがわかる。ただし，もちろんこの法則も数学的には論証されておらず，斜面の数学的定式化と同様，その論証は『新科学論議』で提示されることになった。

このようにガリレオの研究人生の前半は，アルキメデスの著作を手掛かりに機械学を駆使して物体運動の数学的自然学を展開するものだった。まさにアルキメデスが天秤を使って驚くべき成果を数学的自然学で展開したように，ガリレオは機械学を用いて物体の運動のさまざまな法則を数学的に定式化した。

しかしすでに述べたように，ガリレオの運動に関する研究成果は手稿や書簡の形で残され，出版はされず長く公表されなかった。だが1638年，最後の著作『新科学論議』でこれらの成果が数学的論証とともにいよいよ発表された。

一方，ガリレオが初期の成果を『新科学論議』で公表するまで40年近くも費やしたのはなぜだったのだろうか。ここまで時間がかかった原因の一つは，彼が望遠鏡を手に入れ，1609年に天文観測を開始したことにあるのかもしれない。実際，望遠鏡入手後，彼の人生は一変した。そこで『新科学論議』の内容を見る前に，望遠鏡入手後の彼の活動を振り返りたい。

2　ガリレオと天文学

ガリレオは高倍率な望遠鏡のレンズの磨き方を研究していた関係で，実際にその磨き方で磨いたレンズを備えた望遠鏡を手に入れ，1609年，天文観測を開始する。その結果，彼は木星の衛星を発見し，その成果を書き留めた『星界の報告』を同年に出版した。

『星界の報告』は観測開始から3か月ほどで出版されたことから分かるように，ガリレオは原稿を書いたそばから入稿してかなり急いで出版したことが知られている。さらに本作品で彼は木星の衛星に「メディチ星」と名付けており，この命名がメディチ家を強く意識していたことは明白である。この新発見をいち早く公表し，メディチ家との良好な関係を結ぼうとして，彼はこのような急ピッチな出版を推進したのかもしれない。

実際，1610年，『星界の報告』出版後すぐにガリレオは「トスカナ大公付き哲学者兼首席数学者・ピサ大学特別数学者」という肩書を得て，メディチ家の一人トスカナ大公コジモ2世（1590～1621）のお抱え学者となることができた。まさに彼の戦略は成功したのだった。

さらにガリレオは望遠鏡での観測を通じて金星の満ち欠けを発見する

ことで，コペルニクス太陽中心説への確信を得た。というのは，プトレマイオス・モデルでは太陽と金星は絶えず同じ方向を向くように設定されているため金星の満ち欠けは起こり得なかったが，コペルニクス・モデルでは金星の満ち欠けは可能だったからである。ガリレオは望遠鏡という器具を使って新たな経験を得ることで，太陽中心説の正しさへと導かれていったのだった。

他方ガリレオはコペルニクス説への確信を引き金に，宗教裁判にかかわるようになった。1613 年，彼の弟子のひとりであるピサ大学の教授カステッリ（1578～1648）から，地球の運動を否定すると解釈されている福音書の記述を巡っての質問を書簡で受け，ガリレオは福音書の解釈が間違っているとの見解を伝えた。このやり取りをきっかけに，1616 年，福音書の解釈に口をはさんだガリレオに対する宗教裁判が開始し，今後，本件について言及しないようにとの訓告を受けた。

宗教裁判とは，いわゆるプロテスタント対策としてカトリック側が設置した訓戒の場だった。ヨーロッパにおいてルター（1483～1546）を主導とした宗教改革運動が吹き荒れ，プロテスタントが登場し，既存のカトリック側は反宗教改革運動を起こすことになった。その一つが宗教裁判で，異端審問所で異教思想の持ち主を悔い改めさせ，異端者の撲滅を目指した。それゆえ，当時，福音書の解釈に足を踏み入れようとしたガリレオの行為自体が異端的とみなされ訓告されたと考えられる。

しかしガリレオがこの訓告を受けた後，ガリレオとローマ教皇庁との関係性を激変させる出来事が起こる。1623 年，自分の弟子のカステッリの教えを受けたバルベリーニ枢機卿（1568～1644）が教皇（ウルバヌス 8 世）に選出されたのだった。その結果，ガリレオの学術的成果が教皇庁内でも評価されるようになった。実際，1623 年，ガリレオの『偽金鑑識官』はウルバヌス 8 世の支援で出版された。

『偽金鑑識官』は，当時盛んだった彗星を巡る議論を扱ったものである。とりわけ論敵サルシへの批判は激烈だった。その批判の一部で，ガリレオは，以下のように述べている。

> 哲学は，いつもわれわれの眼前に開かれているこの壮大な書物（宇宙のことを言うのですが）の中に書かれているのです。しかし，最初にそこに書いてある言葉を理解し，文字を識別することを学ばなければ，理解することはできません。この書物は数学の言葉で書かれており，その文字は三角形，円およびその他の幾何学図形なのです。それらによらなければ，人間の力でこの書物の言葉を理解することはできませんし，またそれらなしでは，暗い迷宮の中をさまようばかりです。

このように，本作品でガリレオは神による幾何学的世界創造を明言し，その数学性を理解できていない論敵を論難するのだった。

この数学的世界観を踏まえると，ガリレオは物体の運動を含めた自然現象は全て数学的に記述されるべきであり，数学的論証によって示されるはずだと考えていたことが理解できる。ケプラーが神による幾何学的世界創造をそのコスモロジーの根拠としていたように，ガリレオも世界は数学的構造を持つべきだと考えていた。この信念が，コペルニクス以後の数学者たちの新しい数学的自然学の正しさを支えていたといえる。

さて『偽金鑑識官』の出版を通じて教皇庁が彼を支援してくれる体制になったと確信したガリレオは，以前の訓告で話題にすることを禁止されたはずのコペルニクス説を再び議論し始めた。その結果，1632 年，『天文対話』（正確には『プトレマイオスとコペルニクスの二大世界体系についての対話』）を出版し，コペルニクス説を大々的に擁護した。

『天文対話』はラテン語ではなくイタリア語で書かれており，本作品はサルヴィアーティ，サグレード，シンプリーチョの 3 名の対話で進行する。サルヴィアーティ（ガリレオの分身）と非専門家サグレード（良識ある市民）はガリレオの理解者として登場する一方，シンプリーチョはアリストテレス派の哲学者として批判対象として議論に参加している。対話は 4 日間に及び，1 日目にアリストテレスの運動論とコスモロジー批判，2・3 日目に地球の公転と自転を取り上げ，4 日目に潮汐運動を扱うことで，最終的にコペルニクス説の実在性を立証しようとする。

このようにガリレオは，訓告を大きく逸脱してしまう内容を『天文対話』で出版した。しかし，教皇はウルバヌス 8 世だったが，教皇庁内全体はガリレオが考えていたほど理解があったわけではなかった。実際，『天文対話』は宗教裁判の対象となり，1633 年に審問が開始する。その際，3 度審問が行われ，第 1 回の審問ではガリレオは自らの思想の異端性を認めなかったが，第 2 回と第 3 回ではその異端性を認め，最終的には太陽中心説を撤回するに至った。

このように望遠鏡を手に入れた後，ガリレオは天の構造についての議論に足を踏み入れコペルニクス説を宣伝した結果，宗教裁判の対象となってしまった。しかし注目すべきは，この宗教裁判は，コペルニクス説がキリスト教会にとって異端すぎるということで断罪されたというよりも，ガリレオが 1616 年の訓告に従わなかったことが大問題とされたふしがあることである。当時，宗教裁判が盛んな時期で，彼と教皇や教皇庁との関係性が時々刻々と変化することで，彼は裁判対象となったのではないか。今日，ガリレオ裁判は宗教（反科学）対科学の文脈で語られることが多いかもしれないが，実際はガリレオという特異な社会的文脈を抱えた人物だったからこそ起きた事象であって，教会側は反科学の体制をとっていたわけではなかったことに注意しなければならない。

興味深いことに，宗教裁判はガリレオの探究を止めることはなく，すでにふれたように，ガリレオは1638年に最後の著作『新科学論議』を出版した。まさに彼は生涯をかけて運動論に取り組み，その集大成を最後の著作で展開したのだった。それほど運動論は彼にとって重要だったともいえる。そこで『新科学論議』での運動論を見てみよう。

3 ガリレオの運動論

『新科学論議』（正確には『機械学と位置運動についての二つの新しい科学に関する論議と数学的証明』）も『天文対話』と同様、サルヴィアーティ，サグレード，シンプリーチョのイタリア語での4日間におよぶ対話で構成されている。1・2日目で，表題にある新科学の一つである機械学に関する新科学を扱う。1日目冒頭で，サルヴィアーティが造船所での機械職人たちの作業を観察することの重要性を力説しており，当時，機械技術が発展することで，機械学の含める範囲が急激に広がっていたことは見逃せない。実際，アルキメデス機械学は天秤だけだったが，ガリレオの活躍していた頃は船や大砲などに関する多くの機械が発明され，機械学の対象が拡大し新たな機械学がヨーロッパで生まれつつあった。この対話では，新たな機械学を踏まえて得られた新たな機械学的法則を数学的に証明しようとしており，ガリレオの機械学への関心の高さを知ることができる。

他方，3・4日目は，もう一つの新科学である位置運動論に関する新科学を扱う。特筆すべきは，3日目が，学士院会員（ガリレオ自身を指すと思われる）の書いたとされる『位置運動について』と題されたラテン語数学作品の引用で始まり，イタリア語でのサルヴィアーティの解説とほかの二者との議論をはさみながら，この作品全体が3〜4日目にわたって紹介される形式でガリレオの位置運動論が展開されていることである。『位置運動について』は3部構成で，第1部「均等あるいは一様な運動」，

第２部「自然に加速された運動」，第３部「強制運動あるいは投射体」からなる。本作品はエウクレイデス『原論』の形式に忠実に命題と論証の集積の形で記されており，ガリレオが運動にかかわる法則の数学的な論証を目指したのは明らかである。やはり当時，数学の議論はラテン語で通常行われていたため，イタリア語の対話内にラテン語での命題と論証を挿入する形で，彼の運動論の最終的な成果を提示しようとしたのではないか。

その命題群の中には，上で紹介した斜面の運動にかかわる命題（第２部定理３命題３）や振り子の等時性にかかわる命題（第２部定理６系２）も論証されている。すなわちガリレオは，これまで機械学的な考察で発見してきた法則命題群を数学的に論証することを目指して研究を継続してきた中，その成果を本作品でラテン語の数学命題と論証で示したことがわかる。アルキメデス同様，彼も機械学的な発見と数学的論証のセットで法則の論証を目指し，その成果を本作品で書き残したのだった。

さて『新科学論議』に引用された『位置運動について』第２部定理１命題１で，「ある距離が運動体によって静止からの一様加速運動で通過される時間は，同じ運動体によって同一の距離が，その速さの度合いが先の〔一様加速〕運動の最大かつ最終の速さの度合の半分であるような均等運動で通過される時間に等しい」が命題として取り上げられる。その内容は，運動体が等加速運動する場合，その最終速度の半分の等速運動と同じ時間で同じ距離を通過することを述べたものである。

この命題に対して，ガリレオは，図を用いて（図13－４参照）論証する。運動体が一様加速運動で時間 AB の間に通過する距離を CD とした場合，その最終の速さを EB とする。すると三角形 AEB において AB 上の各点から BE に平行に引かれたすべての線分は瞬間 A 以降の各瞬間の速さを示す。また EB の中点 F をとると，BF が半分の均等運動の速さに相当する。幾何学の関係から三角形 AEB と平行四辺形 AGFB の大きさは等しい。それゆえ，均等運動での速さの集積（線 AG…線 BF の集積＝平行四辺形 AGFB）は一様加速運動の速さの集積（三角形 AEB）に等しい。よって命題は論証できたと彼は結論する。

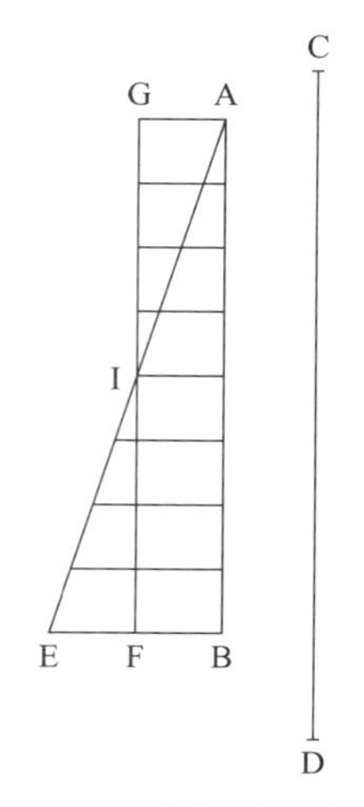

図 13 － 4 『位置運動について』第 2 部定理 1 命題 1 への図

この命題を出発点として，ガリレオは『位置運動について』の命題群と対話を通じて落下法則を導出し，数学的論証を与えるのだった。落下法則とは落下距離は落下時間の 2 乗に比例するというもので，この数学的定式化を完成させて，落下体の重さが落下に関係ないことを証明する。アリストテレス自然学では物体の元素構成によって落下の仕方は異なると考えられてきたが，ガリレオは機械学と数学の力を駆使してアリストテレス自然学の前提を打ち破る運動論を構築したのだった。

しかし前章のケプラーの面積法則でもふれたように，そもそも線の集積によって面を構成できるのかどうかは，数学的には厳密に解決できていなかった。とはいえケプラーも線の集積によって面を考えたように，ある種直観的にガリレオもこの不可分者としての線を利用して，一様加速運動の問題を数学的に論証しようとしていたのは興味深い。当時のこのような直観的な線の集積の利用と成功が，積分法の成立につながっていったことは言うまでもない。

以上，ガリレオの生涯にわたる科学活動を見ることで，当時，神による数学＝幾何学的世界創造論に基づいた数学的な自然構造の探究が行われていたことが見て取れた。コペルニクス以降，数学者たちは，数学的な構造を神が世界に与えたという確信の下，自然現象にある種の数学的構造を日常経験に先行させるかたちで想定し，その数学的構造の整合性を数学の力を使って論証しようとした。実際，コペルニクスが太陽中心の天球モデルを組み立てた後，天球の存在が数学の力で打破され，ケプラーは惑星運動の楕円運動を提唱し，数学的な天上界の運動のモデリングを行った。

他方，ガリレオはとりわけアルキメデス機械学の伝統を身に付けて，アルキメデスの行わなかった形で天秤の学を適用することで，斜面での運動を中心に地上界の運動を数学化し，『新科学論議』で数学的に論証しようとした。彼の運動法則の数学化はある意味で地上界の運動の理想化であり，外的な障害のない理想的な状況での運動を数学的に表現しようとしたものだった。彼も物体の運動という神が作った数学的な自然現象に対して数学を使ってアプローチしようとしたのだった。

天球のない世界において，天体は何の支えもなく回転する物体となった。そのため天上界の天体も地上界の物体も，何らかの数学的法則に従って運動する存在となり，ケプラーとガリレオの尽力によって，天上界と地上界の物体の運動が数学的に表現できるようになった。また両者の数学的考察の基盤をアルキメデスが与えていたことは見逃せない。アルキメデスの機械学と数学が新たな道具としてヨーロッパに定着することで，数学者たちによる物体運動の新たな考察が可能になったのは疑い得ない。その結果，アリストテレス自然学の諸前提が数学の力で打ち破られ，アリストテレス自然学では明確に分けられていた天上界と地上界の分離が徐々に取り払われつつあったことが見て取れるかもしれない。

ガリレオ後，数学の力を前面に押し出した自然探究＝新しい数学的自然学は，デカルト（1596〜1650）によって体系化され、独自の数学的世界観が提唱された。そこで次章で，デカルトと数学の関係性を見ることで，彼の生み出した数学的世界像を考えたい。

学習課題

○なぜガリレオは斜面の運動に注目するようになったのか，考えてみよう。

○どのようにしてガリレオは落下法則に至ったのか，考えてみよう。

参考文献

高橋憲一『ガリレオの迷宮―自然は数学の言語で書かれているか？』（共立出版，2006 年）

田中一郎『ガリレオ裁判―400 年後の真実』（岩波新書，2015 年）

伊藤和行「ガリレオ」『哲学の歴史 4　15 － 16 世紀』（中央公論新社，2007 年）

青木靖三訳『ガリレオ・ガリレイ　天文対話』上下（岩波文庫，1959～1961 年）

田中一郎訳『ガリレオ・ガリレイ　新科学論議』上下（岩波文庫，2024 年）

伊東俊太郎『ガリレオ』（人類の知的遺産，講談社，1985 年）

Vincent Jullien ed., *Seventeenth-Century Indivisibles Revisited*（Birkhaeuser, 2015）

14 デカルトによる世界の数学化

《目標＆ポイント》 数学者たちの新たな数学的自然学を支えたのは神が造った世界は数学的構造でできているという信念だった。数学者たちはこの信念を論証できずにいたが，デカルトはその論証を行い新たな数学的自然学の理論支柱を与えた。そこでデカルトの数学的な貢献である解析幾何学の考案にふれつつ，彼がいかにして神による数学的世界の実在性を示そうとしたのかを考えたい。

《キーワード》 デカルト，クラヴィウス，幾何学解析，代数学，ヴィエト，『幾何学』，『哲学原理』

1 デカルトと解析幾何学

前章で，神によって創造された自然の数学的構造を探究しようと，ガリレオがアルキメデスの機械学を駆使して物体運動という自然現象を数学的に定式化し論証したのを見た。やはり世界が数学的構造をとっているはずだという見方が当時の新たな数学的自然学の研究を支えたことがわかる。しかしケプラーやガリレオは世界の数学的構造を主張するものの，なぜ神が造った世界が数学的構造をとっているのかに関して踏み込んで議論することはなかった。この世界構造の数学性の根拠まで議論し，新たな数学的自然学に対して理論的支柱を提供したのがルネ・デカルト（1596～1650）だった。

デカルトは，1606 年，イエズス会の運営するラ・フレーシュ学院に入学する。イエズス会は，前章で紹介した反宗教改革運動を担ったカトリック教団の一つで，宣教師を養成しカトリックの正しさを全世界に広めようと尽力した。加えて，イエズス会では教育活動が活発で，数多くの教育組織を抱えていた。

その一つのラ・フレーシュ学院では大学並みのカリキュラムでの教育が展開されており，本学院においてデカルトは進んだ数学教育に触れたことが知られている。具体的には，当時，イエズス会士クリストファー・クラヴィウス（1538～1612）の書いた数学書のいくつかが学院で使用されていた。

クラヴィウスはイエズス会のローマ学院における数学教育を統括していた人物で，ガリレオと親交を結んだことでも知られている。彼は学院での数学カリキュラム作成の中心にいたことから明らかなように，彼の数学関連著作の多くは学院での教育を意識したものだった。彼の著作のうち，ラ・フレーシュ学院での教育を通じてデカルトが読んだと思われるのがクラヴィウス版『原論』と『代数学』だった。

クラヴィウス版『原論』は，エウクレイデス『原論』の各命題内容と論証を忠実に紹介しながら，既存の注釈やクラヴィウス自身の見解も含めた解説を挿入することで編まれている。一方，『代数学（Algebra）』は，タイトルが示す通り，本書第6章で紹介したフワーリズミーの代数学の内容を伝えるものだった。

本書第9章でふれたように，フワーリズミーのインド式計算法と代数学に関する作品は，ラテン語訳などを通じてヨーロッパに伝来した。特筆すべきは，商業の中心地だったイタリアではインド式計算法と代数計算が盛んに学ばれ，イタリアが計算技術の中心地となったことである。それゆえ，未知数「もの（アラビア語でシャイ）」を使った未知数計算＝代数計算は，「もの（シャイ）」のイタリア語訳「コス」にちなんで，ヨーロッパ全体で「コスの技法」と呼ばれた。さらにイタリアを中心に商業計算が数多く筆記される過程で省略記号が編みだされ計算記法の簡略化が進行し，省略記号を使った計算式が筆記されるようになった。

このコスの技法＝代数学を紹介したのがクラヴィウス『代数学』だった。本作品は代数学の基礎事項を教えるために執筆され，出版後，長きにわたって代数学の教科書として読み続けられた。

デカルトはクラヴィウス版『原論』を読むことで『原論』に代表される幾何学での命題と論証という形式を学び，『代数学』を通じてコスの規則＝代数学を身に付けたことは注目に値する。というのは，のちに彼は代数学と幾何学を融合させるような転換を数学にもたらすことになるからである。

ラ・フレーシュ学院卒業後，1615 年，デカルトはポワティエ大学に入学し法学と医学を学んだ。その後，1618 年，彼は入隊をきっかけにオランダに移住する。彼がオランダで数学的な研究を深めていたことは，当地で親密に学問交流を行っていたイサーク・ベークマン（1588～1637）に宛てて 1619 年に書いたラテン語書簡で以下のように宣言していることからわかる。

> 連続量であれ非連続量であれ，任意の種類の量について提出されうるすべての問題を一般的に解くことを可能にするような，新しい学問を私は作り出したい。

そもそも古代ギリシャ以来，幾何学量（連続量）と数量（非連続量＝離散量）は異なるカテゴリーに属し，異なる学問で扱うべきだと考えられてきた。それゆえ，幾何学量は幾何学の対象であり，数量は算術の対象だった。だがデカルトは，この宣言に見られるように，当時，両者を統一して扱うことのできる新しい数学を目指していた。本書簡では宣言に留まり具体的な新しい学問の提案は行われなかったが，後述する『幾何学』で彼の目指した新しい数学を示すことになった。

さてデカルトは1628年からオランダに定住し，研究に打ち込むことになった。1637年，彼は最初の著作『その理性を正しく導き諸科学における真理を求めるための方法のはなし，加えてその方法の試論である屈折光学，気象学，ならびに幾何学』を出版する。

本作品は，いわゆる『方法序説（方法のはなし）』と『屈折光学』『気象学』『幾何学』の3試論からなる。興味深いのは，デカルトがラテン語ではなく，わかりやすさを求めてフランス語で本作品を執筆したことである。実際，『方法序説』で新たな「方法」発見までの自伝的な記述が展開されていることからも，彼が本作品で簡明な記述を心掛けていたことがわかる。一方，本作品では，後の諸著作で厳密に立証されるアイデア（「われ思うゆえにわれあり」など）の大枠がすでに提示されており，彼の思索の歴史において重要な転換点に出版されたことは疑い得ない。（「われ思うゆえにわれあり」に関しては後述したい。）

ただし『方法序説』第6部で述べられているように，本書第13章で紹介した1633年のガリレオ裁判の結果を受けて，デカルトは太陽中心説に関する『世界について』の本作品での発表を見送ったという。（『世界について』は彼の没後『デカルト氏の世界，あるいは光とその他の感覚の主要な諸原理についての論考』と題されて1664年に出版された。）『世界について』が抜け落ちたため，本作品での彼の世界観は見えにくくなってしまっているかもしれない。（彼の体系的な世界観は，後述する1644年に出版された『哲学原理』で披露される。）しかし『屈折光学』は現象を認知する際の視覚に関する学（視学）を光の性質から説明するものであり，『気象学』は人間がアプローチできる最も確実な現象としての気象を扱うことから，本作品全体で彼自身の自然＝世界に関する見解を表明しようとしたのはたしかである。それゆえ，本作品の最後に置かれた『幾何学』で，彼の目指す新たな数学的自然学で扱うあらゆる量を求めることのできる万能の道具としての数学を彼が提示したのは理解できる。

『幾何学』にさきがけて『方法序説』第２部で，デカルトが「方法」探究につながった数学に関する見解を以下のように述べている。

> まだ若かったころ，私は哲学の諸部門では論理学を，数学の諸部門では幾何学者の解析と，代数とを少し勉強した。〔中略〕さらに，古代人たちの解析と現代人たちの代数は，きわめて抽象的で何の役にも立たないと思われる主題にだけ適用されているのみならず，前者〔＝解析〕はいつも図形の考察に縛られているので，想像力をひどく疲れさせることなしに理解することができない。後者〔＝代数〕においては，ある種の規則や記号にとらわれているので，それは精神を培う学問ではなく，精神を邪魔するわかりにくく曖昧な技法になってしまっている。このことが原因で，これら三者〔＝論理学，解析，代数〕の長所を備え，かつ短所を免れた何かほかの「方法」を探究しなければならないと私は考えた。

以上の引用から，デカルトの新たな方法とは，論理学と古代の解析および現代の代数学を乗り越えた新たな数学に支えられたものとして構想されたものだったことがわかる。ここで注意すべきは，デカルトは古代の幾何学者の解析としてパッポス（4 世紀頃活躍）『数学集成』で紹介されていた幾何学解析を想定していたことである。

パッポス『数学集成』はエウクレイデスなど先人たちの数学上の成果を集めたギリシャ語作品である。本集成の中でも長大な巻である第７巻が解析に関するもので，パッポスは解析とは何かを解説した後，数多くの解析命題とその証明を収録している。

本書第 1 章で述べたように，論証とは，公理のような疑い得ない前提から出発し命題の正しさを示すものである。パッポスによると，幾何学解析とは，示したい（あるいは作図したい）対象が与えられている（あるいは作図されている）とすると何が与えられるのかを示すもので，いわば幾何学的論証を逆にたどる考察として捉えられていた。そのため解析では「～が与えられているならば，～は与えられている」という命題が示されることになる。

パッポス『数学集成』は現在も不完全にしかギリシャ語写本で残っていない。（なお，そのアラビア語訳の存在は未だ確認されていない。）本集成は不完全なギリシャ語写本に基づいてフェデリコ・コンマンディーノ（1509～1575）によってラテン語に翻訳されることでヨーロッパにやってきた。その結果，本集成第 7 巻を通じて古代ギリシャの幾何学解析をヨーロッパの人々は知ることになった。

たしかにイスラーム文化圏でも幾何学解析に関してはイブン・ハイサムをはじめとした学者たちによって数多くの研究が行われていた。しかし，その成果は 12 世紀ルネサンス期以降のラテン語翻訳活動を通じてヨーロッパに伝わることはなかったため，ヨーロッパの人々にとってパッポス『数学集成』第 7 巻の伝来が解析との初めての出会いだった。そこでヨーロッパの学者たちは，長く失われていた古代の幾何学解析を復元しようと，パッポスの記述を基に古代人の解析とは何かを考察しはじめた。その大きな一歩をフランソワ・ヴィエト（1540～1603）が踏み出した。

法律家ヴィエトはパッポスの解析概念に触発されて解析に関する著作をいくつか編んだ。とりわけ 1591 年に刊行された『解析技法序説』では，求める量と与えられる量を方程式で表記することで古代人の幾何学における解析を解釈しようと提案している。具体的には，古代人の幾何学解析における「〜が与えられたとすると」という前提を未知量と解釈することで，代数学の記法技術を解析的思考に持ち込み，与えられた関係性の代数方程式での記述を可能とした。

すでに述べたように，代数学はあくまで数量を扱うための技法だった。しかしヴィエトは幾何学解析と結びつけることで，記号代数＝解析技法で幾何学量を扱うことができると考えるようになっていた。実際，ヴィエトは，「A quadratum（A の平方）」あるいは「A planum（A の平面）」，「A solidum（A の立体）」という略記を編み出し，A を「量」と呼んでいるように，彼が A で幾何学量を示したのは明らかである。このような幾何学量の方程式化の可能性を踏まえて，例えば，彼は，自ら生みだした略記を使って，以下のような等式を提示する。

B in A quadratum，plus D plano in A，aequari Z solido
（BA^2 足す（plus）D^2A は Z^3 に等しい（aequari））
＊現代の記法では，$BA^2+D^2A=Z^3$ となる。

このようにヴィエトは『解析技法序説』で幾何学量を方程式の形で示すことができた。ただし，A quadratum は「A の平面（平方）」を指すことが示す通り，彼は記号に幾何学量の意味を付加したため，上の例の場合は両辺ともに立方（立体）であるように，両辺を比較する際に両辺が同次であることを必須とした（いわゆる「同次の規則」）。とはいえ，この省略記号を使った幾何学操作の式化によって，彼は，幾何学量の関係を方程式化してその方程式を解くことで求めたい幾何学量を決定できるという道筋を確立したのだった。

このようにヨーロッパでは，イスラーム文化圏から代数学をコスの技法として受け入れ，省略記号を使った筆記法が発展する一方，パッポス『数学集成』を通じて幾何学解析を知ったヨーロッパの学者たちの間で解析を代数学の未知数計算で解釈しようという機運が高まった。以上の解析と代数学を巡る展開を踏まえて登場したのが，デカルト『幾何学』だった。

デカルトは『方法のはなし』試論の一つ『幾何学』で彼の方法を支える新たな数学＝幾何学を提案した。その内容は，上で引用したベークマン宛書簡や『方法序説』第2部で述べられていたように，幾何学解析と代数を融合させるという，ヴィエトの目指した幾何学の代数表現化を徹底化するものだった。

『幾何学』第1巻「円と直線だけを用いて作図しうる諸問題について」冒頭で，デカルトは「幾何学操作に関係している算術計算はどのようなものか」という欄外の見出しを持つ箇所で，加法や減法といった算術計算で幾何学的線を作図決定できることを，例を交えて説明する。まず乗法について，彼は図（図14－1を参照）とともに以下の例を挙げている。

> たとえば，ABを単位とし，BDにBCを掛けねばならないとすれば，私は点AとCを結び，CAに平行にDEを引くだけである。BEがこの乗法の積である。

たしかに図14－1において，ACとDEは平行なので，

AB（＝単位1):BD＝BC:BE

が成り立つ。それゆえBD×BC

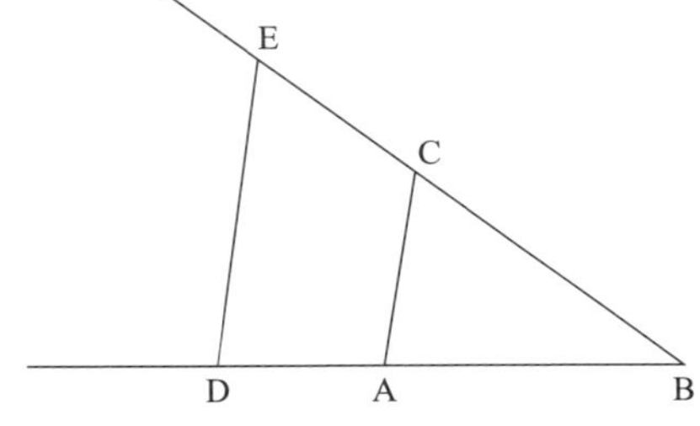

図14－1　デカルト『幾何学』での図

＝BE なので，デカルトは，BD と BC の積を求めるには BE を引けばいいと結論していることになる。

一方，上でふれた同次の規則を順守すれば，BD×BC（平方＝平面）と BE（線分）は比較できなかったはずである。しかしデカルトは，同次の規則を守る必要はなく，いかなる代数演算を経ても線を示すのみだと考えていた。実際，彼は，図 14 − 1 などを使って計算と幾何学との対応関係を述べた後，「幾何学においてどのように記号を用いることができるのか」という欄外の見出しを持つ箇所で，以下のように注意している。

> しかししばしば，こうして紙に線を引く必要はなく，各々の線をひとつずつの文字で示せば足りるのである。例えば，線 BD を GH に加えるには，私は一方を a，他方を b と名付けて，a＋b と書く。〔中略〕a にそれ自身を掛けるには，aa または a^2 と書き，もう一度 a をかけるには，a^3 と書き，このように無限に〔続く〕。〔中略〕
> ここで注意すべきは，a^2 や b^3 やその他類似の書き方で，私も代数学で用いられている語を使ってそれらを平方や立方などと呼びはするが，ふつうは単なる線しか私は考えていないのである。

このように，デカルトは，幾何学操作に対して代数の言葉を使うが，平方や立方といった名前に平面性や立体性は含意されておらず，それらは幾何学量でしかないと明言しており，それまで考慮されていた同次の規則を排除していることに気づく。さらに彼は方程式を立てさえすれば，図を描く必要すらないとまで断言しているのは特筆すべきだろう。

この後，『幾何学』第 1 巻の後半で，デカルトは未知量を z とし未知量を含めた等式（デカルトは等号として $\propto$ を使う）を方程式として立ててみせる。（例えば $z^{3} \propto + az^{2} + bbz -- c^{3}$，といったもので，現代的に記すと

$z^3=az^2+b^2z-c^3$ となる。）その上で彼は方程式を代数学で解くことで，未知の線 z を求めるのだった。

このように『幾何学』第1巻でデカルトは記号代数方程式の立て方と未知量の求め方を提示する。その後，第2巻「曲線の本性について」で，彼は扱う諸曲線の性質を分類してから，第3巻「立体的またはそれ以上の問題の作図について」で，方程式の根の幾何学的な意味を考察する。まさに『幾何学』において，彼は幾何学量に関する方程式を立て，同次の規則を排除して方程式の代数的操作を幾何学量に関しても可能にすることで，幾何学と算術を融合させつつ，操作面で分離できる道を見つけ，いわゆる解析幾何学を提案したのだった。

もちろん代数学で算術問題は従来から解くことはできた。それゆえデカルトは，古代に存在した解析の復元を目指して代数学を利用しようとしたルネサンス期の数学者たちの業績を乗り越えて，代数学を基礎にした連続量も非連続量も扱うことができる新たな数学を生み出したといえる。

さてデカルトは『方法序説』内で反論や意見を募ったため，出版後，彼は様々な反論を受け取ることになった。そこで1641年，彼はそれらの反論を踏まえて『省察』（正しくは『第一哲学への諸省察』）を発表する。本作品で，彼は『方法序説』で展開したアイデアの中でも第一哲学 ＝ 神学（形而上学）に絞ってその精緻化を進めた。さらに本作品の出版を経て，1644年，彼の世界観を全面的に記述した『哲学原理』（正しくは『哲学の諸原理』）がラテン語で出版された。そこで『哲学原理』を通して，デカルトの数学的世界像を見てみよう。

2　デカルトと数学的世界像

長年のデカルトの研究仲間であるメルセンヌ（1588～1648）に宛てて

1640年11月に書かれたフランス語書簡で，デカルトは，アリストテレス自然学に基づく既存の大学の哲学・自然学教育に対抗して，彼自身の哲学に関する大学の教科書のようなものの執筆を計画していると吐露したことが知られている。本書簡のやり取りがあった当時，彼は『省察』執筆中だったが，この計画はのちに1644年，ラテン語で『哲学原理』を出版することで結実した。

実際，『哲学原理』の構成から，本作品が大学での教授を意識して書かれたことは明らかである。本作品では，教えるべき内容を「1　真理を探究するには，一生に一度はすべてのものについてできるかぎり疑うべきであること」という形で番号付きの欄外の見出しで提示し，その内容の説明を手短に本文で行う形式をとっている（図14－2を参照)。本作品には数多くの見出し（内訳は第1部に76の見出し，第2部に64の見出し，第3部に157の見出し，第4部に207の見出し）が設けられており，デカルトは教授すべき論題を細切れに提示しつつ，自分自身の哲学全体を講義する形式で本作品を編んだのだった。

さらに1647年にはピコによる『哲学原理』のフランス語訳が出版され

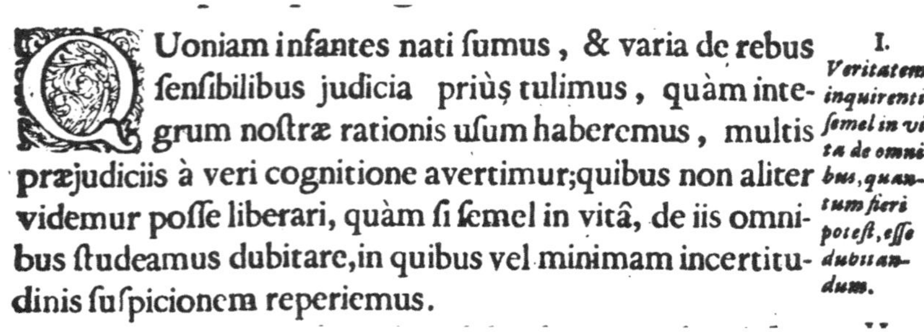

QUoniam infantes nati ſumus, & varia de rebus ſenſibilibus judicia priùs tulimus, quàm integrum noſtræ rationis uſum haberemus, multis præjudiciis à veri cognitione avertimur; quibus non aliter videmur poſſe liberari, quàm ſi ſemel in vitâ, de iis omnibus ſtudeamus dubitare, in quibus vel minimam incertitudinis ſuſpicionem reperiemus.

I. Veritatem inquirenti, ſemel in vita de omnibus, quantum fieri poteſt, eſſe dubitandum.

図14－2　デカルト『哲学原理』第1部冒頭（本文と欄外見出し）

た。本フランス語訳にはラテン語版にはなかったデカルトによる序文「著者から本書をフランス語に訳した方への手紙―序文にかえて」が付せられている。また手書きの注意書きの分析などから，本フランス語訳の一部はデカルトの手が入っていることがわかっており，デカルト自身が本フランス語訳の出版に大いにかかわっていたことも見逃せない。やはり本作品は彼にとって自身の哲学体系＝世界観全体を伝えるものとしてとりわけ重要視されていたといえる。

『哲学原理』は全4部からなる。第1部「人間的認識の諸原理について」では，いわゆる方法的懐疑を展開することでデカルトは神によって創造された数学的世界像の定立を目指す。その際，彼はあらゆるものをいったん懐疑すべきだと主張し，神が創造したとされていたはずの数学さえも懐疑の対象とする。このような懐疑を経て，我々は疑っている間は存在しているので，最初の最も確実な知識は「私は考える，ゆえに私は存在する」であると彼は結論する。

ここで思い出すべきは，本書第10章で述べたように，ヨーロッパの大学教育において，イスラーム文化圏で展開された論証主義的な教育研究活動が根付き，論理整合的な議論を目指した問題解消形式の講義が展開されていたことである。それゆえ彼の方法的懐疑という姿勢は，大学で行われていた疑問を基盤にした講義形式を大いに反映したものとみなすべきではないか。とはいえ彼は懐疑を通じて論理整合性を究極まで目指した結果，「我々の存在」を最初の原理として定立するに至ったのは驚くべきだろう。

さらに，デカルトは，我々の存在が定立できたので，我々を創造した神の存在も定立できたとして，最初の「我々は存在する」という原理から神の存在証明までも完遂してしまう。そのうえで，彼は永遠で全知全能の神が生み出した明晰なる数学的真実は，決して想像上のものではなく，実在的根拠を持たないはずはないとする。いわば彼は，神の創造した数学的存在こそが実体であることを第１部で論証したことになる。

このようにデカルトは『哲学原理』第１部で人間の認識の考察から出発して我々という存在の定立を行うことで，神の存在を証明し、神の造った数学的世界の実在性を示した。この基礎づけを踏まえて，彼は第２部「物体的諸事物の諸原理について」で神の造った数学的物体とはいかなるものかを考察する。その際，神がすべての運動の原因であるとして，彼は神が与えた自然法則を３つ提示し，物体運動の仕組みを法則から説明しようとした。

例えば，第１法則は第２部第37論題で提示されている。その内容は論題タイトル

> 37　第１自然法則―いかなるものも，それ自身にある限り，常に同じ状態を維持すること，さらにいったん動かされたものは，いつまでも運動し続けるということ
>
> ＊「それ自身にある限り」とはその物体が持つ能力にとどまる限り，ということを示す。

から明らかなとおり，いわゆる慣性の法則につながるものである。デカルトの『哲学原理』第２部における自然法則の定立は，ニュートンに大きな影響を与えることになる。

もちろん神の自然法則を基礎にした運動を語る際，デカルトが数学的構造を持った世界を前提にしていることは言うまでもない。実際，第２部の最終論題「64　自然学において幾何学あるいは抽象的数学における諸原理以外のものを私は容認も要請もしないこと―というのはこのようなやり方で全ての自然現象は説明されるし，それらについての確かな論

証が与えられうるから」では，第 1 部で神によって創造された数学的世界の実在性を示すことができたからこそ，デカルトは自信をもって数学のみによる自然現象の考察の正当性を主張する。

このように『哲学原理』第 1 部と第 2 部で数学に基づいて自然現象を考察するという新たな数学的自然学の正当性を示したのち，デカルトは，第 3 部「可視世界について」で天上界の現象を，第 4 部「地球について」で地上界の現象を説明する。その際，彼は，全世界は粒子に充満しており粒子が運動し押し合うことで渦巻きを発生させ天体を動かしているのだという，いわゆる「渦動説」と呼ばれる機械論的自然観を提示する。

いわばデカルトにとって，神の造った数学的世界は，天上界だろうが地上界だろうが同じ粒子によって占められるものになった。それまでのアリストテレス自然学における元素論では天上界と地上界は構成要素の観点から完全に分離していたが，数学的な世界を確立することで，彼はその分離を取り払ってしまったといえる。

ただし，デカルトは数学的世界が粒子によって出来上がっているという世界観を提示する一方，その世界の構造に関する数学的な考察は展開しなかったことは指摘するべきかもしれない。いわば本書第 11 章で紹介したポイアーバッハ『惑星の新理論』が数学的説明を省略して物体的天球構造を叙述したように，デカルトは自身の世界構造の数学的な説明は行うことなく，そのシステムの叙述にとどまったのだった。

以上，デカルトの著作群をたどることで，デカルトがいかにして数学的世界観の基礎づけを行ったのかを見ることができた。彼は，神によって創造された数学的世界の実在性を示そうと，方法的懐疑を駆使して我々の存在の定立から神の存在を定立し，さらには神の造った数学的世界の存在を示した。一方で，この数学的世界を探究するために必要な数学的道具としての解析幾何学の提案も行った。

しかし最後に触れたように，新たな数学的自然学を支えたコペルニクスやケプラー，ガリレオは数学的世界構造を数学で探究した一方，デカルトは自身の世界構造に関して数学での考察を書き残すことはなかった。その結果，彼の『哲学原理』は，スタンダードな自然学・哲学の教科書のごとく，数学的な記述のない論述に終始してしまった。

実は，コペルニクスがポイアーバッハの物体天球構造の数学的探究を遂行したように，神の与えた自然法則を立てて物体の運動を説明しようとするデカルトの運動論の枠組みを継承し，その内容を数学的に完成させたのがニュートン（1642～1727）だった。そこで次章で，ニュートンの組み立てた新たな数学的自然学を見ることで，近代科学のあけぼのについて考えたい。

学習課題

○デカルトの考えた連続量と非連続量を扱うことのできる数学とはどのようなものだったのか，考えてみよう。

○方法的懐疑から出発してデカルトはいかにして数学的世界の実在にたどり着いたのか，考えてみよう。

参考文献

原亨吉訳『デカルト　幾何学』（ちくま学芸文庫，2013年）
三宅徳嘉他訳『デカルト著作集　1』（白水社，1973年）
井上庄七，小林道夫共編『デカルト』（科学の名著第2期，朝日出版社，1988年）
三浦伸夫『フィボナッチ—アラビア数学から西洋中世数学へ』（現代数学社，2016年）
Jeffrey A. Oaks, "François Viète's revolution in algebra"（*Archive for History of Exact Sciences*, 2018）

15 ニュートンと近代科学の成立

《目標&ポイント》 デカルトは数学的世界の実在性を示したが，では世界はどのような数学的構造を取っているのかまでは議論を展開することはなかった。一方，ニュートンはケプラーの3法則の数学的論証に取り組むことで運動論の数学的記述に成功した。そこでニュートン『プリンキピア』において物体運動論がいかに数学的に組み立てられ，その数学的考察をどのようにして万有引力の存在にもとづく統一力学につなげたのかを考えたい。
《キーワード》 ニュートン，流率法，「曲線の求積について」，ハレー，『プリンキピア』，ケプラーの3法則，運動の3法則，万有引力

---

1 ニュートンと微分積分学

前章までで述べたように，ヨーロッパにおいてコペルニクス以降，神の造った世界は数学的構造を取っているはずだという前提の下，新たな数学的自然学が展開していた中で，デカルトは方法的懐疑を導入して数学的世界こそが実在世界であることを示した。しかし彼は新たな数学的自然学への理論的基盤を与えた一方で，数学的世界構造を数学で記述することはなかった。その数学的記述を完成させたのがアイザック・ニュートン（1642〜1727）だった。

ニュートンは，1661年，ケンブリッジ大学トリニティ・カレッジに入学した。彼のノートのよると，当時，デカルト『省察』『方法序説』『哲学原理』などを含むラテン語版デカルト著作集といった諸作品を独学で読んでいたという。

1664年，ニュートンは特待生に選ばれたが，1665年からペスト流行のため1668年まで大学は閉鎖された。その閉鎖中，彼はラテン語版デカルト『幾何学』などを読むことで数学研究を進め，彼の回想を信じるならば，すでにその頃の独学によって，その後に発表される成果の大半を着想していたという。

1669年，ニュートンはケンブリッジ大学ルーカス教授職に就任した。彼はその教授職を全うしながら独自の数学研究を行っていたことが，彼の残した手稿などから知られている。とりわけ彼が微分積分学のさきがけともいえる流率法を考案したことは特筆すべきだろう。

本書第12･13章で述べたように，新たな数学的自然学を遂行する上で，ケプラーやガリレオなどが「不可分者」と呼ばれていた極小部分を束ねることで幾何学体の大きさを決定しようとしていた。この積分法のような操作は徐々に使用されるようになっていたが，数学者たちは数学的にこのような極小量を厳密に定義することはできていなかった。ニュートンもこの不可分者の非厳密性に着目し，厳密な定義に基づいて極小部分を使った数学を構築しようとした。

例えば，ニュートン「曲線の求積について」を見てみよう。本論文は1704年に公刊されたが，その内容は1690年代初頭に書かれた草稿に基づく（図15－1を参照）。ただし本草稿は1670年代から行っていた数学研究に起源があるようで，本草稿には筆跡などから1671年に書かれたと推定される用紙が含まれている。

「曲線の求積について」冒頭で，ニュートンは以下のように数学量を定義する。

> 数学的な量を，可能な限り小さな一定の部分としてではなく，連続的な運動によって記述されたものと私は考える。諸線は，諸部分の付与

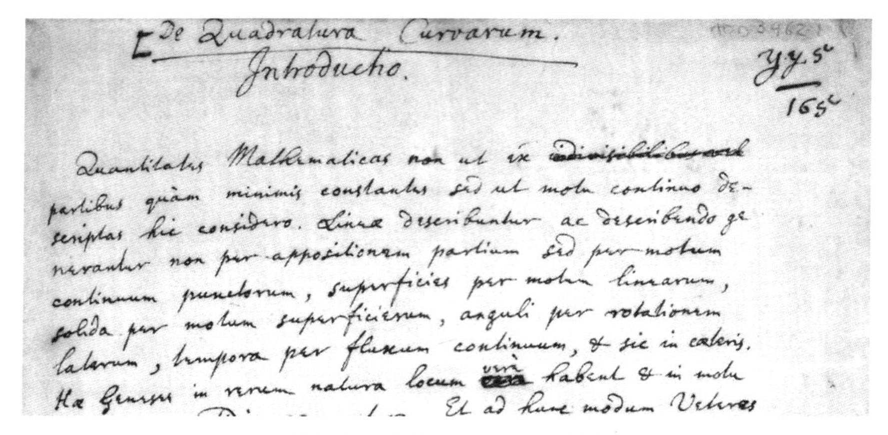
De Quadratura Curvarum.
Introductio.

Quantitates Mathematicas non ut ex
partibus quàm minimis constantes sed ut motu continuo de-
scriptas hic considero. Lineæ describuntur ac describendo ge-
nerantur non per appositionem partium sed per motum
continuum punctorum, superficies per motum linearum,
solida per motum superficierum, anguli per rotationem
laterum, tempora per fluxum continuum, & sic in cæteris.
Hæ Geneses in rerum natura locum verè habent & in motu
Et ad hunc modum Veteres

図 15－1　ニュートン「曲線の求積について」草稿冒頭

によってではなく，諸点の連続的運動によって描かれ，描かれることで生み出される。また，諸線の運動によって諸面が，諸面の運動によって諸立体が，諸辺の回転によって諸角が，連続的な流れによって時間が〔生み出され〕，その他でも同様である。

本書第 10 章で触れたように，物体の無限分割の正否に関して自然学者たちと数学者たちとの間で議論が進行し，自然学者たちは可分性を主張する一方，数学者たちは不可分者を利用しつつその存在を厳密に定義できていなかった。この引用から，ニュートンは，幾何学量の定義に運動を持ち込むことで無限分割問題を回避しようとした事がわかる。

さらに運動で数学量を定義するというアイデアを踏まえて，ニュートンは以下のように「流率」を導入する。

よって，等しい時間において増加し増加することで生じる諸量は，それらを増加させ生じさせたより大きなあるいはより小さな速さに従っ

> て，より大きくなったりより小さくなったりすると考えられるので，私は，それら〔諸量〕を生み出した運動あるいは増加の速さから諸量を決定する方法を探求した。これらの運動あるいは増加の速さを「流率」と名付け，生じた量を「流量」と名付けて，私は徐々に1665年と1666年から，ここで曲線の求積において使用した流率法に取り組みはじめた。

以上の彼の言葉を信じるならば，1665年頃からこのアイデアに基づいて増加の速さを使った無限小に関する新しい数学「流率法」に取り組んでいたことがわかる。

流率法の着想の過程を述べたあと，ニュートンは「流率」を以下のように数学的に記述する。

> 諸流率は等しい最小時間部分に生じる諸流量の増加に，ほとんどぴったり比例する。また厳密に私が述べるならば，それらは生まれつつある諸増加の最初の比にある。そしてそれらは任意の同じ比を持つ諸線で表現可能である。

ここで彼は流率という運動的な概念を数学の言語で書き直して，流率を数学的に扱う基礎付けを行う。その結果，線分の比で表現可能なものとして極小部分を定義することができた。

この定義を明確にするため，ニュートンは図（図15 − 2を参照）を導入し，流率の例を示す。図15 − 2において，面ABCとABDGが縦線BCとBDで描かれる場合を考えると，それら2つの面の流率はBCとBDに比例する。なぜならそれらの縦線BCとBDは生まれつつある増加分に比例するからである。（これがニュートンの流率の最初の定義「諸流率は等しい最小時間部分に生じる諸流量の増加に，ほとんどぴったり比例する」に相当する。）

一方，BC が bc まで移動する場合，C で接線 VCT を引くと，C で生まれつつある増加の最初の比は，三角形 CET の辺の比になる。すなわち，AB，BC，曲線 CA の流率は，CE，ET，CT の比で表すことができる。（これがニュートンの厳密な流率の定義「それらは生まれつつある諸増加の最初の比にある」に相当する。）

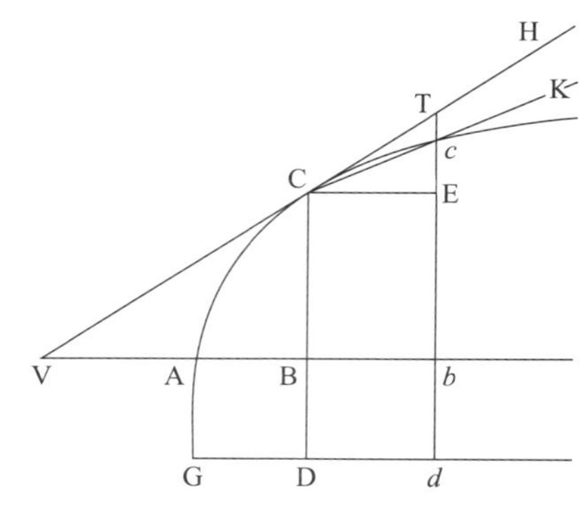

図 15 ― 2　ニュートン「曲線の求積について」における図

この例で明らかなように，ニュートンは接線を導入して流率＝極小部分の増加の速さを数学的に取り扱い可能にすることで，極小部分を数学的に扱うことのできる流率法を考案した。その内容は，微分学といってもいいものであることは間違いない。さらに彼は極小部分を求める微分計算を逆にすると面の大きさが求まることにも気づいていたようで，いわゆる微分積分学の基本定理にも到達していたようだ。

驚くべきことに，ニュートンは，1670 年代には，不可分者に関する数学的議論を深めることで，微分積分学の原型のようなものを考案していたといえる。とはいえ当時，彼の微分積分学に関わる諸作品は公刊されることはなかった。（その一部は彼の人生の後半で出版された。例えば，すでに触れたように「曲線の求積について」は彼が 60 代のときに出版された。）彼自身，成果の公表には慎重で，その膨大な草稿群は出版までには至らなかった。

このような状況下で，初めて出版されたニュートンの著作が『プリンキピア』（正しくは『自然哲学の数学的諸原理』）だった。そこで次に『プリンキピア』の成立過程とその内容を見てみたい。

2 『プリンキピア』と統一力学

『プリンキピア』は，1648 年，ロンドン王立協会フェローのエドモンド・ハレー（1656～1742）によるニュートン訪問をきっかけにその執筆が開始された。当時，王立協会では，そのフェローであるハレーを中心に，「太陽に向かう力が太陽からの距離の 2 乗に反比例するような（いわゆる「逆 2 乗則」）惑星軌道を見つけよ」という問いに取り組んでいた。

王立協会でハレーたちがなぜ逆 2 乗則を惑星軌道で話題にしていたのかの理由は明確にはわからない。しかし本書第 12 章で紹介したケプラーの第 3 法則から逆 2 乗則を導出できることがその理由のヒントを与えるかもしれない。

本書第 12 章で述べたように，ケプラーの 3 法則

第 1 法則：惑星の軌道は太陽をひとつの焦点とする楕円である。
第 2 法則：惑星と太陽を結ぶ線分が単位時間に描く面積は一定である。
第 3 法則：惑星の公転周期は平均距離の 3/2 乗に比例する。

はティコの膨大な観測記録を使ってそれに合うような惑星軌道に関する法則を提案するものだった。これら 3 法則はいわば帰納的に導出されたもので，ケプラーは様々な自然学的考察で補強しようとしたが，数学的に論証を行わなかった。それゆえ，おそらくハレーたちは当時ケプラーの 3 法則の数学的な論証を目指して逆 2 乗則に関する問いに挑んでいたのではないか。

さてこの問いを解決できなかったハレーは，ニュートンを訪問し，こ

の問いを投げかけたところ，ニュートンは楕円であると即答したという。そこでハレーはその答えに関する論考を書くように勧めたため，ニュートンは1684年，『軌道における物体の運動について』という短い論考を仕上げた。しかしニュートンはこの短い論考の改定を何度も続けることで，最終的には3巻からなる『プリンキピア』を生み出し，1687年に出版したのだった。

『プリンキピア』は本論の前に「著者の読者への序文」が付いており，ニュートンはその序文を以下のように始める。（以下は『プリンキピア』第1版への序文の冒頭である。彼はその後の第2版と第3版にも少しずつ序文を追加していることに注意されたい。）

> 古代の人々は（パッポスが証言するように）自然の事物を探求する際に機械学を最大限に重要視し，最近の人々は実体形相とオカルト質とを排除して自然現象を数学法則に帰着しようと努力してきたので，この論考では哲学に関係する限りでの数学の探求が見られることになる。
> ＊「オカルト質」とは遠隔作用のことを意味する。

たしかにパッポス『数学集成』第8巻は機械学に関する巻で，アルキメデスの機械学上の業績などがまとめられている。『プリンキピア』序文冒頭から，ニュートンは本作品で，古代ギリシャからの数学者たちの活動を総覧し，アルキメデスなどによる機械学と，自然学的な考察を排除したニュートンの同時代の数学者たちによる自然法則を使った新たな数学的自然学を踏まえて，自然の諸原理を数学で解明し物体運動を記述しようとしたことがわかる。さらに彼は本作品の構成へと話が及び，物体の運動に関する諸命題を第1巻と第2巻で数学的に論証することで，第3巻では世界の体系＝ニュートンの世界観を提示したいとしている。

数学（幾何学）命題群が本作品の中核であると序文でニュートンが強調しているのに対応して，本作品はエウクレイデス『原論』の構成を忠実に再現している。実際，本作品では，序文に続いて第1巻が始まる前に「定義」と「公理あるいは運動の法則」を提示してから，幾何学命題の提示と論証を始める。

「定義」において，ニュートンは，

> 定義1
> 物質の量とは，いっしょになったその密度と大きさから生じる，その〔物質〕自身の測りである
>
> ＊「いっしょになったその密度と大きさ」とは「密度掛ける体積」を意味する。

といったように，「物質の量」や「運動の量」などの本作品で重要な諸概念の定義を示す。その際，彼は，各定義を述べてからそれぞれに対して注釈を加えている。

つづく「公理あるいは運動の法則」では，慣性の法則と作用反作用の法則に代表されるいわゆる運動の3法則が提示される。ここで運動の法則が公理として与えられているのは興味深い。なぜ運動法則が公理として立てられうるのかに関して，ニュートンは，「公理あるいは運動の法則」で運動の3法則といくつかの系を提示したあと，その最後に付けた「注釈」で以下のように述べている。

> 以上で，数学者たちに受け入れられ，さまざまな実験で確かめられている諸原理を私は提示した。最初の2つの法則と最初の2つの系で，ガリレオは，重量を持つ物体の落下は時間の2乗の比にあることを，

　また投射体の運動はパラボラ上でなされることを見出した。…

ニュートンは，以上の記述に続けて諸実験を示すことで，運動の法則が実験で確かめられていることを示す。いわば彼は，近年の実験に基づく新たな数学的自然学のさまざまな成果を踏まえて，それらを成り立たせている諸原理を数学的世界での法則として受け入れ，公理として立てたことがわかる。

さて第1巻「物体の運動について」では，向心力のみの物体運動が扱われる。向心力とは，ある中心に向かって引かれる力を指す。第1巻では太陽を中心として天体が引っ張られる場合を考えることで，天体運動を解明する。

まず第1巻第1節「それによって以下のものども〔＝命題群〕が論証される最初〔の比〕と最後の比の方法について」では，幾何学量の極限を厳密に幾何学的に扱うために必要な 11 の補助定理を列挙する。その後，第2節「向心力を求めることについて」から彼はさっそくケプラーの3法則の論証を始める。

まずニュートンは，命題1として以下を提示する。

　命題1　定理1
　軌道を動かされる諸物体が不動の力の中心に引かれた半径によって描く諸面は不動の諸平面にあり時間に比例すること

この命題内容は，向心力に関する前提を除けば，ケプラーの第2法則「惑星と太陽を結ぶ線分が単位時間に描く面積は一定である」に相当することは明らかだろう。ニュートンは，本命題において，惑星と太陽の間の力が向心力の場合，ケプラーの第2法則が成り立つことを示す。

さらに命題2として，ニュートンは以下を提示する。

> 命題2　定理2
> 平面に描かれたある曲線上を動かされ，不動のあるいは一様な直線運動で進む点に引かれた半径によって，その点の周りに時間に比例する面を描く物体は全て，同じ点に向かう向心力によって動かされる。

この命題において，命題1の逆を示そうとしている事がわかる。すなわち彼は，命題1と命題2の論証を通じて，ケプラーの第2法則が幾何学的に必要十分に成り立つことを示したといえる。このようにして彼は，定義と公理を与えて，命題群の論証を積み重ねてケプラーの第2法則の論証を成し遂げたのだった。

第2節につづいて，ニュートンは第3節「離心円錐曲線上の物体の運動について」の諸命題を使ってケプラーの第1法則と第3法則も論証する。まず彼は命題11で以下の問いを立てる。

> 命題11　問題6
> 物体が楕円上を回転させられるとせよ。楕円の焦点に向かう向心力の法則が要求される。

この問いに対して，彼は，楕円上で運行する物体が，焦点との距離の2乗に反比例する力を受けることを数学的に証明する。

命題11につづけて，ニュートンは命題12と13で双曲線上やパラボラ上を回転させられる物体の場合を問い，両方の場合でも物体は焦点との距離の2乗に反比例する力を受けることを証明する。これら命題11～13を踏まえて，命題13の系で，焦点との距離の2乗に反比例する向心力を受けると，物体は焦点を力の中心にもつ円錐曲線上を動くことを示し，さらにその逆も成立すると結論づける。ここまでで，向心力が与えられる場合，物体が円錐曲線上で動くことを示すことができたので，ケプラーの第 1 法則（「惑星の軌道は太陽をひとつの焦点とする楕円である」）は証明できたことになる。

さらにケプラーの第 3 法則（「惑星の公転周期は平均距離の 3/2 乗に比例する」）に関しては，

> 命題 14　定理 6
> 多くの物体が共通の中心の周りに回転させられ，向心力が〔それらの〕場所の中心からの距離の 2 乗の逆比にあるとすると，〔それらの〕軌道の主通経は，中心に引かれた半径によって諸物体が同一時間内に描く面の 2 乗の比にあると私は言う。

> 命題 15　定理 7
> 〔命題 14 と〕同じことが想定されると，楕円上の周期の 2 乗は長軸の 3 乗に比例すると私は言う。

で論証が行われている。

このようにニュートンは，第 1 巻の諸命題を通じてケプラーの 3 法則の幾何学での論証を完了する。さらにケプラーの 3 法則を中核として，彼は第 1 巻の残りの多くの命題を積み重ねて天体運動の数学的な記述を成し遂げたのだった。

加えて，第 2 巻「物体の運動について」でニュートンは第 1 巻での天体の運動論を基礎として，抵抗を及ぼす媒質内での物体運動を考察する。いわば天上界での理想的な運動の仕組みを踏まえて，彼は限定条件の付いた地上での運動を解明しようとした。そして第 1 巻と第 2 巻での物体の運動に関する諸命題を総合する形で，第 3 巻「世界の体系について」で彼の数学的世界を提示する。

第 3 巻で，ニュートンは，まず，それまでの成果を踏まえて，向心力＝万有引力を導入すればあらゆる現象が説明できることを確認し，万有引力の存在を示す。さらに彼は全天体の重心の中心付近に太陽があることを論証し，太陽中心説の論証を行う。そのうえで彼は第 3 巻の残りの命題で地球の形や地球上の潮汐現象にまで取り組んでいる。

以上，『プリンキピア』3 巻を通じて，ニュートンは，天上界と地上界のどちらにも存在する万有引力に基づいた運動論＝統一力学を提供した。その結果コペルニクスが提唱した太陽中心説やケプラーの 3 法則は論証され，ガリレオの運動論も論証された。『プリンキピア』でまさしく新たな数学的自然学が数学的に論証されたのだった。

『プリンキピア』の登場によって，自然現象を考察する際，アリストテレス自然学よりも，数学によって自然現象を考察するニュートンの完成した新たな数学的自然学＝物理学が大きな力を持つようになったといえるかもしれない。物理学こそがその後のあらゆる科学の基礎となったように，ニュートンの物理学の登場は近代科学の始まりだったことは疑い得ない。

3　さいごに―数学的自然学から近代科学へ

本書では，科学史上の数学者たちの活動に焦点を当てることで，古代ギリシャで生まれた科学とともに数学諸学が各文化圏でどのような形で受け入れられ，どのように展開したのかを見ることができた。そこで最後に数学者たちの動きを総覧したい。

古代ギリシャでは，紀元前 6 世紀以降，自然現象の論理整合的な解明を目指す科学的思考が生まれた。その際，自然現象に関して弁証的アプローチを取る自然学者たちが登場する一方，論理整合性を高め論証を追求する数学者たちも登場した。数学者たちは，論証幾何学の枠組みを打ち立てたエウクレイデスの頃から数学量の考察のみならず，数学的モデルを用いて自然現象にアプローチしようとする数学的自然学の探求を目指していた。

数学者による自然現象へのアプローチに関して一大転機をもたらしたのがアルキメデスだった。彼は天秤のつり合い（機械学）を導入することで物体の数学的な考察を可能にした。また，天文学という数学的自然学を集大成したプトレマイオスは幾何学的モデリングを駆使して惑星位置計算法を組み立てる一方，そのモデリングに自然学的な意味付けを行おうとした。

さて，科学知がイスラーム文化圏で必要とされた結果，科学研究の中心地はイスラーム文化圏に移った。すでにアッバース朝ではマンスールの頃から占星術への関心が高く，占星術計算に必要なインド天文学の計算法とそれに付随したインド式計算法と代数学が伝来していた。しかしマームーンの頃になると，強力な議論方法を求めた宮廷学者たちの一部がギリシャの学問に存在した論証に注目し，論証での議論を行うようになった。彼らが成功を収めたため，アッバース朝宮廷では論証に関係する論証科学（数学諸学やアリストレス哲学，ガレノス医学）が重視され，論証科学に関するギリシャ語科学・哲学書のアラビア語翻訳が急速に行われ，その研究も進行した。

さらにその研究を推進していた学者たちはそれぞれの助手を抱え，自らの得意分野での優位性を保とうとする一方，助手が養成されることで，論証科学の担い手たちの裾野は広がっていった。そしてイスラーム文化圏でアラビア語訳だけでギリシャ語科学・哲学文献が学べる環境が完成した頃には，論証科学の担い手たちはギリシャ語科学書の論理整合性を綿密に点検し，疑問点を抽出してその解消を目指すことで論証科学の精緻化を目指すようになった。

イスラーム文化圏で独自の論証科学研究が進行した一方，ヨーロッパは12世紀ルネサンス期にアラビア語を通じてギリシャ語科学・哲学書を知ることになる。当時，ヨーロッパの西方教会で自由学芸をラテン語で教育する必要があり，自由学芸の一部である数学四科の教育のためにアラビア語で書かれた数学諸学に関する作品が大量に翻訳された。その際，翻訳者たちは数学四科にとどまらず，イスラーム文化圏で育まれた論証科学研究全体をひとつのパッケージとして翻訳した。その結果，ヨーロッパでも論証科学を基礎にする教育・研究が主流となった。

このような12世紀ルネサンス期の自由学芸教育はヨーロッパで人気を博したため，自由学芸教育を求めた学生たちと教師たちとの組合＝大学がヨーロッパ各地で発生し，数学を核とした科学教育の中心も大学に移転した。大学では数学四科のみならずアリストテレス哲学の教育も広く行われる一方，インド式計算法や占星術も教育された。加えて，大学でのテクスト読解の姿勢は，イスラーム文化圏で行われた疑問の提示とその解消を行うことでより論理整合的な論証科学を目指すという論証科学研究を踏襲したものだった。大学という場を拠点として，イスラーム文化圏で展開していた論証科学研究というパッケージがヨーロッパに確実に根付いたといえる。

ヨーロッパでのイスラーム文化圏の影響は物体天球論でも見られた。イスラーム文化圏でプトレマイオス・モデルを物体的に書き直し，数学的な説明を抜きにしてその概要を提示するハイアの学は，ポイアーバッハ『惑星の新理論』でひとまずの完成を見た。さらにポイアーバッハとレギオモンタヌスは『アルマゲスト』をギリシャ語から読解し，その幾何学的な内容を『アルマゲスト綱要』で提示した。ポイアーバッハ達によってハイアの学のラテン語化と，その幾何学的な根拠づけを担う『アルマゲスト』のラテン語化が遂行された。

ポイアーバッハ達の成果を引き継いで太陽中心説にたどり着いたのがコペルニクスだった。彼はハイアの学の伝統を突き詰め『コメンタリオルス』で太陽中心説を提唱する一方，その物体天球モデルを数学的に考察することで『天球回転論』を編んだ。

数学者コペルニクスの新たな数学的自然学を支えたのは，神が造った世界は数学的構造を取っているはずだという信念だった。科学・哲学知を使って全知全能の神が造った世界の合理的な仕組み（「神のデザイン」）を明らかにして神の存在証明を行うことはイスラーム文化圏で行われていた。この神のデザイン説は12世紀ルネサンス期にヨーロッパに伝来し，ヨーロッパの数学者たちの一部は，神のデザインは最も厳密で数学的であるはずだという前提のもと，数学的世界構造を探求しようとした。その結果，コペルニクスは世界の数学的構造を重視し，自然学的な前提をいくつも否定した。さらにこの新たな数学的自然学を推進するティコやケプラーは天球の存在さえも破棄した。

天球のない世界において天体は何の支えもなく回転する物体となった。そこで数学者たちは天球のない世界を成り立たせる神の与えた数学的な自然法則を獲得することで物体運動の仕組みを解明しようとした。実際，ケプラーはティコの天文観測データを使って天体運動に関する3法則を提唱する一方，ガリレオはアルキメデスの機械学を駆使して物体運動に関する法則をいくつも発見した。

数学者たちの新たな数学的自然学は厳密な数学的議論に支えられてさまざまな成果をもたらし，アリストテレス自然学の多くの前提を否定した。しかし彼らは神が造った数学的世界が実在することをいまだ示すことはできていなかった。その理論的裏付けを与えたのがデカルトだった。

デカルトは代数解析を組み立てて，あらゆる量を扱うことのできる新たな数学を考案した。さらに大学教育で展開されていた論理整合性を最重要視した懐疑的姿勢を極限まで高めることで「我々の存在」の定立を行い，それに基づいて神の存在を証明し神の造った数学的世界の実在性を示した。

その一方で，デカルトは神の自然法則を立てて機械論的な世界観を記述したが，その数学的考察を展開することはなかった。デカルトのように自然法則を前提としながら，物体運動の仕組みの数学的な論証を完遂したのがニュートンだった。

ニュートンは『プリンキピア』で運動法則を公理とした万有引力の存在に基づく統一力学による運動論を数学的に論証した。その結果，神が造った数学的世界を占める物体運動の仕組みを数学的に扱うことのできる学問＝物理学を完成させたのだった。物理学成立の瞬間が近代科学成立の瞬間でもあったのはいうまでもない。

このように科学史における数学者たちの活動を総覧することで，自然現象に関する論理整合的な議論を求めて古代ギリシャで科学が誕生して以降，論証に基づく数学の担い手である数学者たちと，弁証的な自然学の担い手である自然学者たちが，各文化圏でさまざまな場面で自然現象をめぐって議論を行うことでいかに自然観が変容したのかを見ることができた。その過程で一神教の「神による世界創造」という前提が重視されるようになると，神の造った世界構造の枠組みに論理整合性や数学性が付与され，その解明に科学知を利用するようになったのは興味深い。とりわけ12世紀ルネサンス以降のヨーロッパでは，数学的世界構造を前提とする数学者たちによる新たな数学的自然学が探求された結果，自然学によって提示されていた世界観の多くが否定された。このような自然観の変容が生じたのも，ヨーロッパにおいて自然学者たちと数学者たちとの間に活発な議論が存在していたからこそではないか。

しかしニュートンが新たな数学的自然学の正しさを数学的に論証し，彼の生み出した物理学が近代科学の軸となったことで，古代ギリシャ以来存在した自然現象を巡る数学と自然学との関係性に大きな変化が生じたことは否めない。ニュートンの登場で自然現象の考察において数学者たちの探求が勝利を収め，近代以降，科学とは数学に基づく学問であるという共通認識が持たれるようになった。ヨーロッパでなぜ近代科学が生まれたのかというのは科学史上大きな問いだが，本書における数学者たちの活動をふまえれば，12 世紀ルネサンス以降，神の造った数学的世界の存在を強く信じた数学者たちがヨーロッパにおいて数学で論証された物理学を完成させたことで近代科学が生まれたと結論できる。

本書を通じて，数学者たちは数学の問題のみを考えていたわけではなかったことを伝えることができたかもしれない。本書で提示したかったのは人間の活動としての数学の歴史だった。古代ギリシャの頃から数学者たちの目は自然現象や世界構造にも向けられていた。それゆえ，数学の歴史を科学の流れから切り離して考えるのは得策ではないことは明らかである。数学を担った数学者たちの活動を総体的に見なければ，数学の歴史を知ることはできない。

学習課題

○ニュートンの流率法とはどのようなものだったのか，考えてみよう。
○ニュートンはどのようにして万有引力は存在すると論証したのか，考えてみよう。

参考文献

河辺六男責任編集『ニュートン』（世界の名著，中央公論社，1971 年）
和田純夫『プリンキピアを読む―ニュートンはいかにして「万有引力」を証明したのか？』（ブルーバックス，講談社，2009 年）
有賀暢迪「ニュートンの運動の第 2 法則―『プリンキピア』の基本原理の二つの解釈」（『科学哲学科学史研究』，2020 年）
I. Bernard Cohen and Anne Whitman, assisted by Julia Budenz, *Isaac Newton The Principia: Mathematical Principles of Natural Philosophy*（University of California Press, 1999）

索引

●配列は五十音順

●か　行

●さ 行

●た　行

●な　行

●は　行

●ま　行

●や　行

●ら　行

●わ　行

著者紹介

三村　太郎（みむら・たろう）

1976年	兵庫県に生まれる
2000年	東京大学教養学部基礎科学科科学史科学哲学分科卒業
2008年	東京大学大学院総合文化研究科広域科学専攻相関基礎科学系博士後期課程修了　学位（学術）
2009年	カナダ・McGill University, Research Assistant
2012年	イギリス・University of Manchester, Research Associate
2016年	広島大学大学院総合科学研究科准教授
現在	東京大学大学院総合文化研究科准教授
専攻	イスラーム科学史・アラビア語文献学
主な著書	Epistles of the Brethren of Purity : On Astronomia（共著　Oxford University Press,） 天文学の誕生―イスラーム文化の役割（岩波科学ライブラリー）

放送大学教材　1569422-1-2511（テレビ）

新訂　数学の歴史

発　行　　2025年3月20日　第1刷
著　者　　三村太郎
発行所　　一般財団法人　放送大学教育振興会
〒105-0001　東京都港区虎ノ門1-14-1　郵政福祉琴平ビル
電話　03（3502）2750

市販用は放送大学教材と同じ内容です。定価はカバーに表示してあります。
落丁本・乱丁本はお取り替えいたします。

Printed in Japan　ISBN978-4-595-32531-1　C1341